価値あるソフトウェアを
すばやく届ける
適応型組織設計

訳

原田騎郎
永瀬美穂
吉羽龍太郎

著

マシュー・スケルトン
マニュエル・パイス

Organizing Business and
Technology Teams for Fast Flow

Team
Topologies

チーム
トポロジー

日本能率協会マネジメントセンター

本書への推薦の言葉

　本書は、マーケットと技術の変化を予測してそれに対応するための新鮮なインサイトを与えてくれる。企業が生き残るには、従来のコマンドアンドコントロールの構造を捨てなければいけない。企業が行動して対処できるようにするには、最善の情報を持つリーダーに権限を委譲しなければいけない。今日のニーズと変わりゆく明日の状況に効果的に対応する上で、本書は、経営幹部やビジネスリーダーがハイパフォーマンスなチームという重要な戦略に注力するのに役立つだろう。

　　　　　　　　──バリー・オライリー、ExecCamp 創始者、ビジネスアドバイザー、
　　　　　　　　　　　　『Unlearn』および『リーンエンタープライズ』著者

　マネジメントにとっていちばんの基本は、組織をどう構造化し、どんなふるまいを奨励するかだ。だがデジタル、DevOps、SRE に移行していくIT組織の組織設計パターンをカタログ化し分析する試みはほとんどなかった。スケルトンとパイスはこの難問に果敢に取り組んだだけでなく、他に類のない不可欠なリソースを作り上げることに成功したのだ。

　　　　　　　　　　　　　──デイモン・エドワーズ、Rundeck 共同創業者

　本書は、フロー向上という観点でチーム編成を評価し最適化するための、本当に必要なフレームワークを提供する。適切なサイズ、適切な境界、適切なコミュニケーションレベルを持つチームであれば、会社に価値を届け、チームメンバーに満足感をもたらすことが可能だ。本書には、組織的なアプローチと現実世界のケーススタディの双方が含まれており、あなたの技術チームのポテンシャルを最大限に引き出してくれるだろう。

　　　　　　　　──グレッグ・バレル、シニアリライアビリティエンジニア、Netflix

マシュー・スケルトンとマニュエル・パイスによる本書は、他に類を見ないものだ。テック企業に大きな影響を与えるだろう。継続的デリバリーを達成するには、単にSpotifyの作法をまねるのではなく、構造化された体系だったアプローチが必要だ。本書はまさにそのためのものだ。

———**ニック・チューン**、APIプラットフォームリード、Navico

Condé Nast Internationalにおいて、自分たちのDevOpsの現状を理解し理想的なDevOps運用モデルのビジョンを定義する上で、DevOpsトポロジーが重要な役割を果たした。私たちは、このモデルで見事に書かれている落とし穴やアンチパターンを回避できたのだ。マシューとマニュエルがDevOpsトポロジーの成功のもとで成長し、そこからの学びを組織設計に関する幅広いテーマを扱った本書へと発展させたことを喜ばしく思う。

———**クリスタル・ハーシュホーン**、VP of Engineering、
グローバルストラテジー＆オペレーション、Condé Nast

ハイパフォーマンスなチームは、現在のデジタルエコノミーにおける価値創出の中心的な担い手だ。だが、そのようなチームによって適応型のエコシステムを育ててスケールするのは、多くの場合、とても難しいゴールだ。スケルトンとパイスは、本書で次世代のデジタルオペレーティングモデルを作るための創造的なツールや概念を提供している。世界中のCIOやエンタープライズアーキテクト、デジタルプロダクトストラテジストにお勧めだ。

———**チャールズ・ベッツ**、プリンシパルアナリスト、Forrester Research

マシュー・スケルトンとマニュエル・パイスは、「本書は機能的であることを目指している」と言っていて、そのとおりになっている。しっかりとした思考のもとで、よく練られており、組織とは社会技術システムとかエコシステムであることを読者に理解させようとしている。このような考えのもとで、処方箋ではない実践的な提案や技術を提供しており、技術組

織や人間組織をうまく設計するためのアプローチを説明する。技術設計や組織設計に関わる人はぜひ読んでほしい。

—— **Dr. ナオミ・スタンフォード**、組織設計実践者、教員、作家

マシューとマニュエルが行ったパターン化と言語化という仕事は、とても価値がある。組織が時間とともにチームのコンテキストを変えていくための戦略を作るのに役立つし、ビジネスと技術のリーダー層をフローと継続的デリバリーのトピックに結び付けるのにも役立つ。

——**リチャード・ジェームス**、デジタルテクノロジー＆エンジニアリング部門長、Nationwide

チームは組織の基本的な構成要素であり、チームの働き方とそのシステムの運用方法の違いが、平均的なパフォーマンスとハイパフォーマンスの違いに現れる。本書では、あなたの組織のシステムを現在のコンテキストに合わせてどう最適化するかが詳しく説明されている。

——**ジェレミー・ブラウン**、ディレクター、Red Hat Open Innovation Labs EMEA

DevOpsは素晴らしい。だが現実世界の組織で実践するには、実際に自分たちをどう構成すればよいだろうか？ 全員を１つのチームにしてサイロをなくして、だだっぴろいオフィスに集めるだけでは実現不可能だ。全員ではランチも一緒に行けないし、サッカーもできない。本書は、DevOpsの重要な疑問に答えてくれる実践的なテンプレートを提供してくれる。これは他のガイドブックでは読者の演習として放置されてしまっているものだ。

——**ジェフ・サスナ**、Sussna Associates 創業者兼 CEO、『Designing Delivery』著者

従来の働き方の課題に関する分析や、その課題を緩和する戦略についての実践的なガイダンス（たとえば、新しいインタラクションモード、認知

負荷の低減、適切な「チーム API」の作り方）を探しているなら、本書が
それだ！

——ダニエル・ブライアント、テクニカルコンサルタント／
アドバイザー兼ニュースマネジャー、InfoQ

本書は、チームとそれを支える IT アーキテクチャーの共生関係を探る
興味深い読み物だ。静的な組織図や自己組織化したカオスといった一般的
なアプローチではなく、どうやって人間系のシステムと IT システムを進
化させるかを示している。

——ミルコ・ヘリング、アクセンチュア グローバル DevOps リード、
『DevOps for the Modern Enterprise』著者

マシュー

妻であるスージー・ベックへ。
あなたの支えとインスピレーションに感謝します。

マニュエル

生涯のパートナーで家族の拠り所であるケイティへ。
たゆまぬ愛と手助けに感謝します。

日々の暖かさの源であるダンとベンへ。
この本がパパの仕事を理解するのに役立つことを願っています。

まえがき

シ ステムを小さくシンプルに保つことは価値あるゴールだが、成功し
ているシステムの多くはそうなっていない。リーマンのソフトウェ
ア進化の法則[1]、特に継続的成長の法則は、システムが使われて新しい要求
や機会に気づくと、それに合わせて進化的に機能追加の圧力がかかること
をうまく捉えている。増え続ける複雑性に対処し、それをコントロールす
る上で、2つの設計領域がますます重要になってきている。2つの領域と
は、「システムの設計」と、システムを作りそれを進化させる「組織の設
計」だ。前者、つまりシステムやソフトウェア設計、アーキテクチャーに
焦点を当てた研究はかなり多い。ドメイン駆動設計やソフトウェアアーキ
テクチャーを扱った書籍も増えている。一方、チームトポロジーでは、コ
ンウェイの法則を踏まえて、ソフトウェア開発組織の設計に取り組む。

> システムを設計する組織は、その構造をそっくりまねた構造の設計
> を生み出してしまう、というのが基本的な主張だ。この事実がシステ
> ム設計の管理において重要な意味を持つことがわかった。主要な発見
> は、設計を行う組織を構造化するための基準である。コミュニケー
> ションの必要性に応じた設計活動を行うべきなのだ[1]。

これは、メルヴィン・コンウェイによるソフトウェア開発組織の設計に
関する古典的な論文から引用したものだが、本書の冒頭を飾るのに最適だ
ろう。チームトポロジーでは、組織がシステムに与える力が設計を駆動す
るという考えのもとで、チーム構造に関する組織パターンとインタラク
ションの形式について述べている。

システムの複雑度が増すにつれて、一般的に、組織を作りそれを進化さ

---

1 訳注：使われるソフトウェアは進化すること、進化するソフトウェアでは放っておくと複雑
性が増え続けること、進化はフィードバックによって決まることなどを提唱している。

せていくのに必要な認知は増える。明確な責任と境界を持つチームにすることで認知負荷をなんとかしようというのが、本書のアプローチにおけるチーム設計の最大の肝だ。担当範囲を適切なものとし、責任の境界を明確にするには、チームが従うべき、自然な形で比較的独立したシステム構造が必要だ。これはコンウェイの法則を踏まえたものであり、明確な境界があって疎結合で、凝集性の高い構造（逆コンウェイ戦略として知られており、本書でも説明がある）を維持するのに大いに役立つ。

この程度であれば、チームトポロジーはコンウェイの論文を現代のコンテキストに合わせて有用な形で精緻化したものにすぎない。だが、もちろんチームトポロジーはそれにとどまらない。特筆すべきは、4つのチームタイプを特定し、それらのアウトカム、形状、立ち向かわなければいけないフォースや自分たちを形作っているフォースについて記したことにある。ストリームアラインドチームは中心となるチーム形式だ。このチームはフローに沿った形で最適化しており、価値の継続的デリバリーを実現し、関連するフィードバックサイクルに対応するのに必要なすべてを備えている。つまり、システム設計とは単に疎結合を目指すのではなく、ストリームアラインドチーム間の依存関係や調整を減らして、フローが向上するようにシステムを分解していくことなのだ。コンプリケイテッド・サブシステムチームとプラットフォームチームは、ストリームアラインドチームの負荷を減らす。提供するサブシステムまたはプラットフォームの内部顧客としてストリームアラインドチームを扱い、開発、デリバリー、運用を含めた全フェーズについてサポートを提供する。イネイブリングチームも同じように他のチームに奉仕する。だが、イネイブリングチームはサービスプロバイダーであり、ストリームアラインドチームが新しい技術を学習、調査するのを支援したり、ストリームアラインドチームが効果的に成長しつつフォーカスを失わないようにしたりするものだ。

マシュー・スケルトンとマニュエル・パイスは豊富な経験をもとに、こういったさまざまな形のチームが成功するのに必要なことを説明するだけでなく、コンテキストの違いによるバリエーションにも焦点を当て、組織

設計が意味するところを明らかにし、避けるべきアンチパターンを示してくれた。また、惜しみなく彼らの知見を盛り込んでくれていて、関連する研究へのポインターも示してくれている。ケーススタディと合わせて、この本の質を高めていると言えるだろう。

　チームトポロジーは主要な構造パターン、インタラクションモード、力学、進化のために考慮すべき点などを提示することで、私たちの組織アーキテクチャーへの理解を深めてくれる。本書は明快で焦点が明確だ。チームを作って難問に対応できるようにする場合でも、今のチームが効果的になってすばやく価値提供できるように支援する場合でも、本書は実践的なガイドになるはずだ。

──ルース・マラン、アーキテクチャーコンサルタント、Bredemeyer Consulting

はじめに

現代における組織設計とは、顧客の声に応えるべくコラボレーションするための技術を設計することである。

——ナオミ・スタンフォード、『Guide to Organization Design』

チームは常に未完成だが、最善を尽くした状態でもある。チームをビジネスに沿って配置することで、継続的かつ持続的に価値を届ける。理想的には、チームは熱意を持ったメンバーで構成し、自律的で、長続きさせるべきだ。だが、チームは独立して存在しているわけではない。チーム同士がいつ、どのようにやりとりするかを理解しておかなければいけない。探索や実行といった、プロダクトや技術のライフサイクルにおける各フェーズをサポートするには、チーム同士のやりとりは時間を追うごとに進化する必要がある。つまり、組織は単に自律的なチームを求めるだけでは不十分で、顧客にすばやく価値を届けるためにチームのことを考え、チームを進化させなければいけないのだ。

本書は実践的で段階的かつ適応型の組織設計モデルを提供する。著者たちが活用しているもので、さまざまな成熟度の企業で機能しているのを目にしたものである。このモデルをチームトポロジーと呼んでいる。

だが、チームトポロジーはソフトウェアシステムの構築と運用を成功させるための普遍的な公式ではない。本書で説明し推奨しているものとはかなり異なる組織力学のもとで成功しているチームや組織はたくさんある。優れた文化やベストプラクティスがすでにある会社は特にそうだ。

チームトポロジーの狙いは、明快なパターンを提供することだ。飛び抜けて優秀なプレイヤー向けの指示書ではなく、さまざまなチームや組織が取り入れたり応用したりできるようなわかりやすいものだ。私たちが考えるチームトポロジーは、一流ジャズトランペッター向けのメロディなどで

はない。オーケストラやビッグバンドを構成するパート譜のようなものだ。譜面があれば合奏することはできるだろうが、譜面に演奏の細かい指示が書かれているわけではない。細部の多くは奏者に委ねられており、時と場合によって、また混成されたメンバーによっても変わる。同じように、優れたソフトウェアデリバリーを実現するには、チームによらず、用いる言葉や仕事のしかたを同じくすることに合意する必要があるのだ。

チームトポロジーのアプローチは、チーム構造を最適化する方法を見つけ出そうと奮闘している組織や、チーム設計が特にビジネスアウトカムやソフトウェアシステムに影響を与えることにまだ気づいていない組織に役立つ。チームトポロジーは組織が以前よりもすばやく継続的に成功する助けになるのだ。

本書はソフトウェアシステムのデリバリーと運用の有効性に関心を持つ人のためのものだ。CTO、CIO、CEO、CFOなどのCレベルのリーダー、部門長、ソフトウェアアーキテクト、システムアーキテクト、その他ソフトウェアシステムの構築や運用に関わっていて、もっと効果的にデリバリーや運用をしたい人たちに向けたものである。

■ 本書はどのようにして書かれたか

2013年、イギリスのある会社にDevOpsと継続的デリバリーを導入していたとき、マシューは独自のDevOpsトポロジーパターンとアンチパターンを考え出して、「What Team Structure Is Right for DevOps to Flourish?（DevOpsが実を結ぶにはどんなチーム構造が最適か？）」というタイトルでブログにまとめた[2]。当時、彼がコンサルティングしていた会社ではソフトウェアデリバリーのモダンな手法を採用しようとしていて、マシューが作った初期のトポロジーパターンは、さまざまなオプションを探索する手段をその会社にもたらした。

2015年のQCon London Software Architecture Conferenceで、マニュエルはマシューにインタビューし、マシューはコンウェイの法則と初期のDevOpsトポロジーパターンについて語った。それを受けてInfoQは

「How Different Team Topologies Influence DevOps Culture（さまざまなチームトポロジーはDevOps文化にどう影響するか）」という記事を掲載し、複数の言語に翻訳された[3]。その年の後半、マニュエルはDevOpsトポロジーパターンの拡充を手伝うようになり、コミュニティからも多くのコントリビューションが得られた。

それ以来、DevOpsトポロジーパターンの利用は急増した。講演や記事、会話のなかで何度も言及されてきた。業種や規模に関わらず、世界中の多くの企業が、組織文化やソフトウェアアーキテクチャーに与えるチーム間の関係性ややりとりの影響について考えるのに役立った。

当初のDevOpsトポロジーはチーム間の関係性を静的に示したもので、初期の議論では有効なものの、時間が経つにつれて扱う範囲としては狭すぎたことがわかった。世界中の組織にトレーニングやコンサルティングを提供した経験から、比較的独立して自律的にうまく働いているチームもあれば、強力なコラボレーションのもとでうまく働いているチームもあることを知ることができ、私たちはその理由を自問して、顧客からのフィードバックをもとにアイデアを進化させ続けた。

この活動を通じて最終的にチームトポロジーは本書の形になった。さまざまな地域や業界の現実のシナリオに基づいた、組織設計のダイナミックで進化的なアプローチだ。

■ 本書の使い方

本書は機能的であることを目指している。インタラクティブで、限られたページのなかで最大限の学びを届けられるようなコンテンツを提供したいと考えている。そうなるよう、あなたが本書を読み進める助けになるような設計上の選択を行った。

本書は3部で構成されている。

PARTIでは、コンウェイの法則を掘り下げる。私たちの作るシステムの設計に組織的な相互関係が与える制約と、この法則をどう活かしていくかについて考える。それから、チームとは何を意味するのかを定義し、効

果的なチームワークを実現する上での実際の制約についても見ていく。

　PART IIでは、業界で実績のある静的なチームのパターンを詳細に見ていく。コンウェイの法則と組織のコンテキストを考慮しつつ、それらのパターン群から1つを選択する意味についても論じる。あなたの組織のコンテキストにおおよそ一致するようなチームタイプを検討するのに役立つはずだ。また、コンウェイの法則と基本的なチームタイプを踏まえて、システムの各領域にチームを配置する方法を決めるためのガイドも提供する。

　最後にPART IIIでは、組織設計を進化させる方法について扱う。これによって、事業環境の目まぐるしい変化に対応して、イノベーションを実現したり高速にデリバリーしたりするための能力を強化する。マーケットとユーザーニーズに対応するセンサー組織を作るために、チームトポロジーをどう使うか、それが採用やスキルにどのような影響を与えるかを説明する。

　各部の冒頭では、それぞれのChapterの要点をまとめた。知っていると便利な情報や参考となる情報を強調するために、図表や吹き出しを含めた。さらに、実際のさまざまな状況に対応できるよう、わかりやすいシナリオ、ケーススタディ、推奨事項も提供する。

　多くの図に含まれる図形や色、模様については、本書を通じて一貫した意味を持つようにした。これは重要なポイントだ（図1参照）。

　本書では、章を追って主題を組み立てている。そのため、内容を十分に理解するには最初から最後まで読んでほしい。ただし、それぞれの章や節は独立したものになるように書いている。

　これを踏まえて、読者のコンテキストに合わせた読み方について紹介しておこう。

・チームタイプの違いと、どのチームが効果的かを明らかにしたい
➡ Chapter 1 「組織図の問題」、Chapter 4 「静的なチームトポロジー」、Chapter 5 「4つの基本的なチームタイプの順に読む

4つのチームタイプ　　　　　**3つのインタラクションモード**

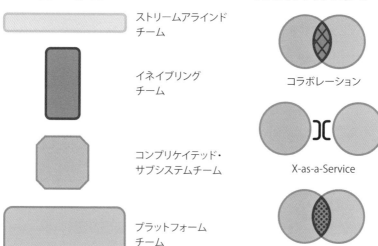

ストリームアラインド
チーム

イネイブリング
チーム

コンプリケイテッド・
サブシステムチーム

プラットフォーム
チーム

コラボレーション

X-as-a-Service

ファシリテーション

図1　4つのチームタイプと3つのインタラクションモード

・大規模でモノリシックなソフトウェアシステムを分割したい

→ Chapter 6 「チームファーストな境界を決める」、Chapter 3 「チームファースト思考」の順に読む

・ソフトウェアシステムのアーキテクチャーを改善したい

→ Chapter 2 「コンウェイの法則が重要な理由」、Chapter 4 「静的なチームトポロジー」、Chapter 6 「チームファーストな境界を決める」の順に読む

・ソフトウェア開発チームの実効性を向上させたい

→ Chapter 3 「チームファースト思考」、Chapter 6 「チームファーストな境界を決める」、Chapter 5 「4つの基本的なチームタイプ」の順に読む

- チーム内の士気を上げ、実効性を向上させたい
  - ➡ Chapter 3 「チームファースト思考」、Chapter 5 「4つの基本的なチームタイプ」の順に読む

- 予想した成長を達成するためにはどの領域に注力すればよいか知りたい
  - ➡ Chapter 1 「組織図の問題」、Chapter 5 「4つの基本的なチームタイプ」、Chapter 8 「組織的センシングでチーム構造を進化させる」の順に読む

- 変化するビジネスニーズに合わせてどうチームタイプを進化させればよいか知りたい
  - ➡ Chapter 7 「チームインタラクションモード」、Chapter 8 「組織的センシングでチーム構造を進化させる」の順に読む

■ 本書に影響を与えているもの

　本書は、私たち自身の経験だけでなく、関連するアプローチや思想の影響を強く受けている。第1に、組織は社会技術的なシステムもしくはエコシステムであり、そのなかにいる個人やチームのインタラクションの影響を受けると考えている。つまり、組織とは人と技術のインタラクションそのものだ。この点では、本書は以下に挙げる分野と同じ考えに基づいている。

- サイバネティックス：組織を「センサー機構」として活用するもので、ノーバート・ウィーナーが1948年に書いた書籍『サイバネティックス──動物と機械における制御と通信』に由来する
- システム思考：とりわけエドワード・デミングが提唱したもの
- クネビンフレームワークのようなドメインの複雑さを評価する手法：2007年にデイブ・スノーデンとメアリー・ブーンがハーバードビジネスレビューに寄稿した論文「「クネビン・フレームワーク」による臨機応変の意思決定手法」に由来する

・適応構造化理論：ジェラディーン・デサンクティスとマーシャル・スコット・プールが「Capturing the Complexity in Advanced Technology Use：Adaptive Structuration Theory（先進技術の利用における複雑性の把握：適応構造化理論）」のなかで提唱した造語。技術のインパクトは、組織や集団が技術をどう捉えるか次第であり、与えられるものではないとしている

　第2に、「チーム」とは単なる個人の集合とは違ったふるまいをするものであり、チームはその進化と運営の過程で、支援を受けて育成されるべきだと考えている。この点では、以下のような、さまざまな人たちのアイデアを活用している。

・ブルース・タックマン：1965年の論文「Developmental Sequence in Small Groups（小集団の発展順序）」で、チームの発展においては、形成期、混乱期、統一期、機能期の4つの段階があるとするモデルを提唱した
・ラス・フォレスターとアラン・ドレクスラー：1999年の論文「A Model for Team-Based Organization Performance（チームベースの組織パフォーマンスのためのモデル）」で、チームからなる組織のパフォーマンスについて明らかにした
・パメラ・ナイト：2007年の論文「Acquisition Community Team Dynamics：The Tuckman Model vs. the DAU Model（調達コミュニティチームの力学：タックマンモデルとDAUモデルの比較）」で、混乱期はチームのライフサイクルのどこでも起こることを明らかにした
・パトリック・レンシオーニ：『あなたのチームは、機能してますか？』（翔泳社、2003年）という画期的な本のなかでインタラクションの典型的な問題について明らかにした

　第3に、コンウェイの法則やその亜種はソフトウェアプロダクトの形に
大きな影響を与えており、組織はこの法則が示唆することに積極的に対処
することで恩恵を受けられると私たちは考えている。この点では、ソフト
ウェアアーキテクチャーに関するコンサルタントであるメルヴィン・コン
ウェイ、ThoughtWorksのテクニカルディレクターでチーム編成の設計に
ついての受賞歴を持つルース・マラン、「逆コンウェイ戦略」の提唱者で
あるジェームス・ルイス、その他多くの人の書籍や論文、アイデアを参考
にしている。

　最後に、私たちは大規模ソフトウェアシステムの開発と運用に関する実
践的な成功例を記した多くのリソースを参考にしている。そのなかには、
Adidas、Auto Trader、Ericsson、Netflix、Spotify、TransUnion などの
企業の例も含んでいる。こういった企業の規模とスピードのおかげで、数
か月から数年にわたる組織構造とチームインタラクションの変化がもたら
す具体的な利点が明らかになった。

　本書を通じて、あなたがチームや構造、それらがどう機能するかについ
て考えるヒントになることを願っている。

CONTENTS

PART I　デリバリーの手段としてのチーム

Chapter6 チームファーストな境界を決める ……………136

PART III イノベーションと高速なデリバリーのためにチームインタラクションを進化させる

Chapter7 チームインタラクションモード ………………160

PART I
デリバリーの手段としての
チーム
Team As The Means of Delivery

KEY TAKEAWAYS 要点

Chapter 1
- コンウェイの法則では、ソフトウェアアーキテクチャーとチームインタラクションを同時に設計する利点を説いている。両者に働く力は同じものだからだ
- チームトポロジーはチームの目的と責任を明確にし、チーム間の相互関係の効果を向上させる
- チームトポロジーでは、戦略適応性の実現のために組織を調整しつつ、ソフトウェアシステムの構築においては人間的なアプローチを利用する

Chapter 2
- 組織はそのコミュニケーションパスを反映した設計を作り出す
- 組織設計はソリューション探索の制約になり、取りうるソフトウェア設計を限定する
- 全員が他のすべての人とコミュニケーションするよう求めるのは、混乱のもとである
- チーム内のフローがよくなるようなソフトウェアアーキテクチャーを選択せよ
- 明瞭なチームインタラクションだけにコミュニケーションパスを限定することで、モジュール化した疎結合なシステムが生まれる

Chapter 3
- チームはソフトウェアデリバリーにおける最も効果的な手段である。個人ではない
- ダンバー数を踏まえて、組織のグループのなかのチーム数を制限する
- チームの認知負荷の許容量に合わせて、責任を限定する
- チームごとに明確な責任の境界を作る
- チームの成功の助けとなるよう作業環境を変える

CHAPTER 1

組織図の問題

The Problem with Org Charts

> 組織は、機械的で線形なシステムではなく、複雑で適応性を持つ有機体として見るべきである。
>
> —— ナオミ・スタンフォード、『Guide to Organisation Design』

テクノロジーワーカーは、絶え間なく活動を続ける。そのなかで、信じられないほどの速度でシステムを構築したり更新したりして、さまざまな技術を組み合わせて魅力的なユーザーエクスペリエンスを作り出す。望ましいビジネスアウトカムを達成するために、モバイルアプリケーション、クラウドベースのサービス、ウェブアプリケーション、組み込み型、ウェアラブル型、産業用のIoTデバイスなど、すべてを効果的に相互運用しなければいけない。

今日、このようなシステムが人間の日々の活動のあらゆる側面に影響を与えており、その影響はますます大きくなってきている。ソフトウェアの設計が不適切だったり、さらには、ソフトウェア、提供元、顧客の相互作用にミスマッチがあったりすれば、悪影響を受ける。タクシー配車アプリケーションに問題があれば、家から遠く離れた場所で足止めを食うかもしれない。インターネットバンキングのソフトウェアやプロセスに問題があれば、家賃が払えないかもしれない。医療機器に問題があれば、生命の危機にさらされるかもしれない。明確な社会工学的デザインがこれほどまで

に重要となったことは、かつてなかった。

　このような非常に複雑で相互に接続されたソフトウェアシステムは、構築も運用もチームでの活動になる。さまざまなプラットフォームをまたいで、さまざまなスキルを持つ人たちの力を結集する必要がある。それに加えて、現代のIT組織は、ソフトウェアシステムをすばやく安全に提供、運用すると同時に、成長を続け、ビジネスや規制環境の変化や圧力に適応しなければいけない。企業が最適化の目的を安定性の向上か速度の向上かで選べた時代は終わったのだ。

　だが、このようなリスクや需要があるにも関わらず、いまだに多くの組織が人やチームを組織するやり方は、モダンなソフトウェア開発や運用に逆効果となるやり方のままだ。組織図やマトリクスに過度に依存して仕事を分割、管理している組織は、速いペースでのデリバリーとイノベーションへの適応の両立に必要な環境を作り出すのに失敗していることが多い。これを成功させるには、組織に、安定したチーム、効果的なチームパターンとインタラクションが必要だ。権限が与えられており、スキルを持っているチームに投資しなければいけない。このチームがアジリティと適応性の基礎となるからだ。かつてないほど競争の激しいマーケットで生き抜くには、状況の変化を感知し、それを踏まえて進化できるチームや人が組織には必要なのだ。

　良い知らせもある。適切なマインドセットと、再現性と適応性の両方を重視するツールがあれば、チームと人を中心に置きながら、安全にすばやく進めることが可能だ。マーク・シュワルツと共著者は、2016年の論文「Thinking Environments（環境についての考察）」のなかで、「高品質でインパクトのあるソフトウェアを提供するというゴールをサポートするため、組織構造は、説明責任をうまく調整しなければいけない」としている[4]。

　これらのインターフェイスを管理する技術チームのメンバーとして、私たちは思考を変えなければいけない。「正しい」プロセスに従って「正しい」ツールを使いさえすればチームは成功するとか、チームは交換可能な個人の集まりだと考えてはいけない。そうではなく、人と技術を人間とコ

ンピューター、カーボンとシリコンからなる単一の社会工学的エコシステムと考えるのだ。同時に、チームは内発的に動機づけられ、システムのなかで最高の仕事ができる本物の機会を与えられなければいけないのだ。

　本章ではビジネスの速度と安定性を実現する技術組織の適応型設計モデルの１つとして、チームトポロジーを紹介する。だが、まずは、ほとんどの組織における現実のコミュニケーション構造が組織図の表すものとどれだけかけ離れているか、それが何を意味しているのかを見ていこう。

組織のコミュニケーション構造

　ほとんどの組織では、チームや人を見渡すための「組織図」なるものを必要としている。チームや部署、ユニットなどの組織体と、それらが互いにどう関連するかが描かれているものだ。階層型のレポートラインとなっているのが普通で、コミュニケーションが組織の「上下」で行われることを示唆している。

　組織図はソフトウェアシステムの構築という文脈において、特に規制やコンプライアンスの遵守に役立つ。だが、アウトカムの不確実性が高く、コラボレーションを重視する状況では、やるべき仕事を分割する基本原則として組織図に頼るのは非現実的だ。速度と安全性のバランスを取るという難題に対応するには、効果的なコラボレーションが可能な、疎結合で長続きするチームに頼るしかない。

　組織図を額面どおりに受け取ってしまうと、人間をソフトウェアのように設計し、コミュニケーションをきっちりと決められた枠のなかに収めようとする。だが、人間は組織図の線でつながっている人たちだけとコミュニケーションするわけではない。仕事を終わらせるのに必要な相手であれば、誰とでも連絡を取る。ゴールの達成のために必要なら、ルールを曲げる。これこそが、図1.1に示すように、実際のコミュニケーションの線が組織図に描かれたものと大きく異なる理由だ。

● 組織図思考は問題

　従来の組織図は、図1.1に示すように、組織における実際のコミュニケーションパターンを理解するのには役に立たない。代わりに組織は、個人やチーム間のコミュニケーションにおいて、期待する形と現実の形を表すより現実的な絵を描かなければいけない。その差が、組織に適しているシステムの種類を理解するのに役立つのだ。

　さらに、組織図の構造に基づく意思決定は、組織の一部分のみに最適化されがちで、上流と下流への影響は無視される。局所最適化は直接関係のあるチームにとっては役に立つが、顧客への価値のデリバリー全体を改善するのに役立つとは限らない。他に大きなボトルネックが仕事のストリームのなかにあったら、局所最適化の効果はないに等しい場合もある。たとえば、チームがクラウドとInfrastructure as Codeを導入すれば、新しいインフラストラクチャーを用意するのにかかる時間は、数週間、数か月という単位から、数分、数時間という単位にまで短縮できる。だが、変更デプロイの承認に必要な取締役会議の開催が週1回のままなら、デリバリーの速度は速くても1週間のままだ。

　システム思考では全体の最適化に重点を置いて、仕事のフローに着目し、その時点での最大のボトルネックを特定して取り除く。そして、それを繰り返す。チームトポロジーでは、チームが新しい状況にすばやく対応し、ソフトウェアを高速かつ安全にデリバリーするのに役立つ動的なチーム構造とインタラクションモードをいかにして実現するかに焦点を当てている。現時点では、これがあなたにとって最大のボトルネックではないかもしれない。だが、いずれは、コミュニケーション不足や不適切なプロセスによって硬直したチーム構造がデリバリーを遅くするという問題に直面する。

　組織図が仕事の終わらせ方やチーム間のやりとりを忠実に表したものだと考えてしまうと、仕事の割り当てや責任について効果的な判断ができなくなる。ソフトウェアアーキテクチャーのドキュメントが、実際のソフトウェア開発が始まるとすぐに陳腐化するのと同じように、組織図も常に現

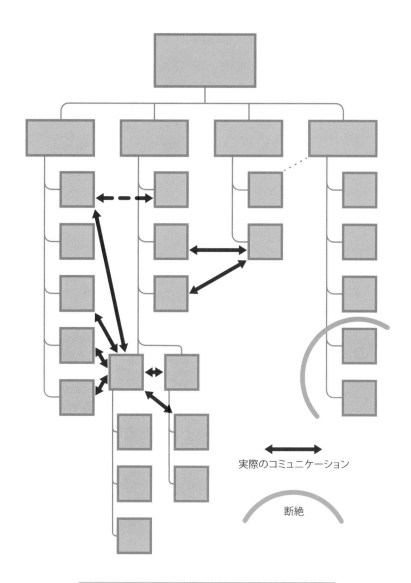

実際のコミュニケーション

断絶

図 1.1　組織構造と実際のコミュニケーション

実際には、仕事を終わらせるために、別のレポートラインに属する人たちと横方向のコミュニケーションを行う。このような創造性と問題解決は、組織の利益の観点からも醸成していくべきであり、トップダウン、ボトムアップのコミュニケーションやレポーティングに最適化するよう強制すべきではない。

実と一致していないのだ。

　もちろん、公式の組織構造と実際の仕事のやり方に不均衡があると主張したのは私たちが初めてではない。ギアリー・ラムラーとアラン・ブラーシェは著書『Improving Performance：How to Manage the White Space on the Organization Chart』のなかで、継続的なビジネスプロセス改善とマネジメントについて言及している。少なくともIT業界においては、プロダクトとチームを中心に据えるという考え方が最近の大きな潮流となっており、ミック・カーステンが著書『Project to Product』で提唱しているような「プロジェクトからプロダクトへ」は重要なマイルストーンの１つになっている。私たちは、チームトポロジーがこのパズルの１ピースであると思っている。特に、明確で流動的なチーム構造、責任、インタラクションモードを持つことについてだ。

● 組織図からの脱却

　では、組織図が正確な組織構造を表したものではないとすると、何が組織構造を表すのだろうか？　『Organize for Complexity』の著者ニールズ・プレイギングは、すべての組織に、１つではなく３つの異なる組織構造があることを明らかにした[5]。

1．公式な構造（組織図）：コンプライアンス遵守を円滑にする
2．非公式な構造：個人間の「影響力の領域」
3．価値創造構造：個人間やチーム間の能力に基づいて、実際にどう仕事を終わらせるか

　プレイギングは、知的労働組織の成功のカギは、非公式構造と価値創造構造のインタラクション（すなわち人とチームのインタラクション）にあるとしている[6]。フレデリック・ラルーの『ティール組織——マネジメントの常識を覆す次世代型組織の出現』（英治出版、2018年）や、ブライアン・ロバートソンの『HOLACRACY（ホラクラシー）役職をなくし生

産性を上げるまったく新しい組織マネジメント』（PHP研究所、2016年）を始めとして、他の著者も同じような分類を提唱している[7]。

チームトポロジーのアプローチでは、プレイギングが定義した非公式構造と価値創造構造の重要性を認めている。チームに権限を与え、チームを基本的な構成要素として扱うことで、チーム内の個人は、単なる人の集まりとしてではなくチームとして密接に連携しながら進むようになる。一方で、他のチームとのインタラクションモードを明示的に合意することで、期待するふるまいが明確になり、チーム間の信頼関係が育まれる。

過去数十年にわたって、ビジネスを構成するための新しいアプローチがたくさん登場した。それらは依然として組織を静的なものとして見ていて、組織を再編したあとに起こる現実のふるまいや構造は考慮に入れていなかった。たとえば、1990年代に登場しそこから数十年でかなり普及した「マトリクスマネジメント」は、個人にビジネスマネジャーとファンクショナルマネジャーの双方に報告させることで、複雑で、不確実性が高くて、高度なスキルが必要な仕事に対応しようとした。純粋な職能型組織のチーム構造と比べると、ビジネス価値に焦点を当てているとはいえ、これもまた静的な世界観であり、ビジネスや技術の領域が急激に進化するにつれ、時代遅れになっていく。

マトリクスマネジメントの導入といった組織再編は、労働者に強い恐怖や不安をもたらす。時間と労力の無駄で、ビジネスを前進させるどころか後退させるものだと見られていることも多い。そして、次に技術的もしくは手法面での変革が起こると、ビジネスはまたしても組織再編に乗り出し、これまでのコミュニケーションの形を壊して、うまくいき始めたチームを分割する。

組織図やマトリクスマネジメントのような単一で静的な組織構造を利用していては、現代のソフトウェアシステムで効果的なアウトカムを生み出せないことが徐々に明らかになってきている。必要な

> チームトポロジーのアプローチは、技術組織に必要な動的特性とセンシング能力をもたらす。これらは従来の組織設計に欠けていたものである。

のは単一の構造ではない。チームの成長やチーム間のインタラクションを考慮に入れた、現在の状況に適応可能なモデルが必要なのだ。チームトポロジーでは、あらゆる種類の組織で、チーム、プロセス、技術の整合性を保つための（再）進化的なアプローチを提供する。

ナオミ・スタンフォードは、2015年刊行の素晴らしい著書『Guide to Organisation Design：Creating HighPerforming and Adaptable Enterprises』のなかで、組織設計における経験則を5つ紹介している[8]。

1．やむを得ない理由があるときに設計する
2．設計判断のために選択肢を用意する
3．適切な時期に設計する
4．整合性が取れていない箇所を探す
5．将来を見据える

本書では、組織設計を行う上で、これら5つをどう扱っていくかを検討していく。

チームトポロジー：チームについての新しい考え方

チームトポロジーのアプローチは、企業のソフトウェアデリバリーにおける効果的なチーム構造に関して、新しい考え方をもたらすものである。技術、人、ビジネスの変化に継続的に対処できるようにチーム設計を進化させるための、一貫性のある実行可能なガイドを提供するもので、現代のソフトウェアシステムを構築、運用するチームについて、サイズ、形、配置、責任、境界、インタラクションを網羅している。

チームトポロジーでは、ストリームアラインドチーム、プラットフォームチーム、イネイブリングチーム、コンプリケイテッド・サブシステムチームという4つの基本的なチームタイプと、コラボレーション、X-as-a-Service、ファシリテーションという3つのインタラクションモードを

定義している。チームトポロジーは、コンウェイの法則、チームの認知負荷、センサー組織になる方法などを踏まえたものであり、ソフトウェアシステムを構築、運用するための効果的かつ人間的なアプローチになっている。

チームトポロジーでは特に、さまざまなチームが技術や組織の成熟に応じてどう進化するかに目を向けている。技術やプロダクトの探索段階では、成功のために、チームの境界がオーバーラップしたコラボレーションの多い環境が必要だ。だが、探索が終わって技術やプロダクトができあがったあとも同じ構造を維持すると、無駄な労力と誤解を生んでしまう。

チームトポロジーのアプローチでは、組織設計において適応型モデルを重視し、チーム間の相互関係に積極的に優先順位をつける。それによって、ソフトウェアの比重が高い現代の企業が、ビジネスや技術の観点で戦略変更が必要になったことを感知するための、特定の技術に依存しない重要なメカニズムを提供する。最終的なゴールは、顧客のニーズに合うソフトウェアをチームがより簡単に構築、実行し、オーナーシップを持てるようにすることである。

また、チームトポロジーでは、ソフトウェアシステムの設計と構築において人間的なアプローチも重視している。チームをソフトウェアデリバリーにおける不可分な要素と捉え、チームの認知容量には尊重すべき上限があることを認めている。チームトポロジーは、コンウェイの法則を確たる土台とした動的なチーム設計を活用しており、ソリューション探索のための戦略的ツールになっている。

コンウェイの法則の再評価

ここまで、チームの設計と進化を進める上でコンウェイの法則の重要性に触れてきた。だが、そもそもコンウェイの法則とは何だろうか？

1968年、コンピューターシステムの研究者だったメルヴィン・コンウェイは、Datamation誌に「How Do Committees Invent?（委員会は

どのように発明するのか)」という記事を寄稿した。組織構造とその結果としてのシステム設計の関係性について考察したものだった。記事には素晴らしい洞察が多数含まれていた。いくつかを本章の後半で取り上げるが、そのなかの「システムを設計する組織は、その構造をそっくりまねた構造の設計を生み出してしまう」というフレーズがコンウェイの法則として知られるようになった[9]。

コンウェイは初期の電子コンピューターシステムを構築する組織を中心に観察していた。彼の言う「法則」とは、組織の本当のコミュニケーションパス（プレイギングの言う価値創造構造）と、結果として得られるソフトウェアアーキテクチャーには強い相関関係があるというもので[10]、これは作家アラン・ケリーが「同形力」と呼ぶものである[11]。この同形力によって、ソフトウェアアーキテクチャーとチーム構造の関係性に見られるのと同じものが随所に見られるようになる。つまり、ソフトウェアを構築するには、現実的にどんな形のソフトウェアアーキテクチャーが実現可能なのかを考える必要があり、そのためには、チーム間のコミュニケーション構造の理解が必須だ。理論上は理想的なシステムアーキテクチャーだったとしても、組織モデルに合わなければアーキテクチャーか組織のどちらかを変えなければいけない。

エリック・レイモンドは著書『ハッカーズ大辞典 改訂新版』（アスキー、2002年）のなかで、ユーモア混じりにこう述べている。

「コンパイラを作るのに4つのグループが作業していたら、できあがるのは4パスコンパイラになる」[12]

1968年以降、すべてのソフトウェア構築においてコンウェイの法則が当てはまっていることが次第に明らかになってきた。「アーキテクチャーの青写真」どおりのソフトウェアを作った経験のある人であれば、アーキテクチャーが自分たちを正しい方向に導いてくれるというよりも、アーキテクチャーと戦っていると感じたことが何度もあったのを思い出せるはずだ。そう、これがコンウェイの法則だ。

コンウェイの法則の再評価は2015年頃に起こった。ちょうどマイクロサービスが注目されるようになった頃だ。なかでも、Thoughtworksのテクニカルディレクター、ジェームス・ルイスらは「逆コンウェイ戦略」を適用するというアイデアを打ち出した。これは、必須のアーキテクチャー設計に従うようチームに求めるのではなく、システムに反映したいアーキテクチャーに合うようなチーム構造にするという考えだ[13]。

> チーム構造は要求されるソフトウェアアーキテクチャーと一致しなければいけない。さもないと意図しない設計を生み出すリスクがある。

ここで重要なのは、ソフトウェアアーキテクチャーを独立した概念と捉え、独立して設計可能で、そうすればどんなチームの集まりでも実装できると考えるのは、根本的に間違っているということだ。アーキテクチャーとチーム構造のギャップは、クライアントサーバー型からSOAやマイクロサービスまで、あらゆる種類のアーキテクチャーで見られる。それこそが、チームが集中できるようにしつつ、モノリス（特に、チームの認知容量を超えるような不可分のソフトウェア）を分解しなければいけない理由だ。これについてはChapter 6で詳しく説明する。

認知負荷とボトルネック

認知負荷について話すとき、ある瞬間に脳にとどめておける情報の量には誰でも限りがあることは容易に理解できる。チームの場合も同じで、チーム全員の認知容量の合計を超えることはできない。

だが、チームに責任やソフトウェアの担当範囲を割り当てるときに、認知負荷について議論することはめったにない。これは、どれだけの容量があるのか、認知負荷とはどんなものなのかを定量化するのが難しいからだろう。もしくは、チームは問答無用で言われたことに適応するよう期待されているのかもしれない。

認知負荷を考慮しないと、チームの責任範囲と担当領域は広がりすぎる

ことになる。自分の仕事に熟達するだけの余裕がなくなり、担当業務のコンテキストスイッチに悩まされる。

　ローコードプラットフォームを提供するOutSystemsでR&Dプリンシパルソフトウェアエンジニアを務めるミゲル・アントゥネスは、この大きな問題について例を挙げて説明している。OutSystemsのエンジニアリング・プロダクティビティチームは、発足後5年が経過していた。チームのミッションは、プロダクトチームがビルドを効率的に行えるよう支援したり、インフラストラクチャーを維持したり、テスト環境を改善したりすることだった。チームは成長を続け、継続的インテグレーション（CI）、継続的デリバリー（CD）、インフラストラクチャー自動化などの責任を新たに負うようになった。

　8人の精鋭からなるチームは成功の犠牲になった。このチームのスプリントプランニングでは、幅広い責任範囲のもとで、さまざまな要求を扱うことになった。優先順位をつけるのは難しく、スプリント内でも頻繁なコンテキストスイッチが必要な状況となり、チームメンバーのモチベーションが低下していった。これは、ダニエル・ピンクが提唱する内発的動機づけの3つの要素、つまり自律（複数のチームの要求や優先順位を絶えず調整することで失われる）、熟達（多芸は無芸）、目的（広すぎる責任範囲）を踏まえると当然と言える[14]。

　この例で取り上げたのは、開発チーム向けに内部サービスを提供するチームの話だったが、外部の顧客向けのソフトウェアに取り組んでいるチームでも同じことが言える。プロダクトチームの担当するサービスやコンポーネントの数、つまりチームへの要求は、通常、時間とともに増え続ける。だが、新規サービスの開発は、チームの時間はすべて使えて、認知負荷が何もないかのように計画されることが多い。このように現状を無視すれば、問題が起こる。チームは既存のサービスの修正や拡張も求められているからだ。最終的に、チームの認知容量を大きく上回ってしまい、チームがデリバリーのボトルネックになる。そして、遅延や品質問題、さらにはチームメンバーのモチベーションの低下につながる。

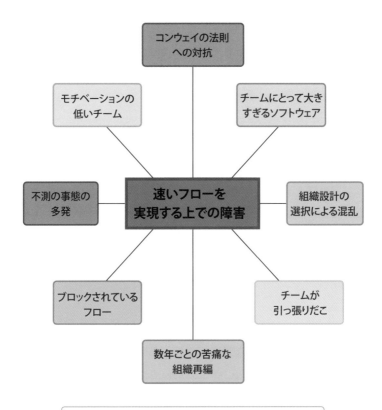

図 1.2 速いフローを実現する上での障害

　私たちはチームを最優先して、認知負荷を制限するよう呼びかけていく
必要がある。認知負荷をしっかりと考えるのは、チームサイズを決めた
り、責任を割り当てたり、他のチームとの境界を設定したりする上で、と
ても役に立つ。これについては、Chapter 3 で詳細に見ていく。

　全体として、チームトポロジーのアプローチでは、変更フローと稼働中
のシステムからのフィードバックを最適化する組織設計を提唱している。
チームトポロジーでは、チームの認知負荷を制限し、チーム間のコミュニ
ケーションを明確に設計する必要がある。これによって、コンウェイの法
則を踏まえて、私たちが必要とするソフトウェアシステムのアーキテク
チャーを生み出せるようになるのだ。

まとめ チーム構造、目的、インタラクションを再考する

　現代の相互に接続されたシステムやサービスのソフトウェアを効果的に開発、運用するには、組織のさまざまな面を考慮する必要がある。歴史的に、ほとんどの企業は、ソフトウェア開発を専門分野ごとに分けた人たちが完成させる一種の製造業とみなしており、大規模プロジェクトを事前に計画し、社会工学的な力学はまったく考慮していなかった。これによって、図1.2に示すような問題がまん延した。

　アジャイル、リーンIT、DevOpsのムーブメントは、ビジネスのフローに沿った小規模で自律的なチームが、小さな反復サイクルで開発とリリースを行い、ユーザーからのフィードバックをもとに軌道修正することに大きな価値があることを実証した。またリーンITとDevOpsによって、システムとチームに関するテレメトリツール[2]は大きく発展した。こういったツールはソフトウェアの構築と運用に役立ち、単にインシデントや発生した問題に対処するのではなく、過去の傾向に基づいて早期から積極的に意思決定を下せるようになった。

　だが、従来型の組織の多くはその組織モデルゆえに、アジャイル、リーンIT、DevOpsのメリットを十分に享受できていない。手っ取り早く自動化やツールを導入することばかりに注力してしまい、文化や組織面での変化は場当たり的になっている。文化や組織の変化を見えるようにするのは非常に難しい。効果の測定だけをとっても困難だ。だが、適切なチーム構造、アプローチ、インタラクションを整え、時間と共にそれらを進化させなければいけないと理解することが、長期的に見ると成功を大きく左右する。

　特に、従来の組織図は、不確実性だらけの新しい環境において、コラボレーションしながら知識労働を進めるために頻繁にチームの形を変える、

---

2 訳注　テレメトリとは遠隔メトリクス収集のこと

という新しい現実には追いついていない。私たちは組織図ではなく、コンウェイの法則（組織設計はソフトウェアアーキテクチャーの設計に勝る）、認知負荷の制限、チームファーストのアプローチを活用しなければいけない。そうすることで、明確な目的を持ったチームを設計し、ソフトウェアデリバリーのフローと戦略適応性を優先したチーム間のインタラクションの促進が可能になるのだ。

　チームトポロジーのゴールは、コラボレーションが必要な場所やタイミング、実行に集中してコミュニケーションのオーバーヘッドを減らすべき場所やタイミングを、組織が適応しながら動的に見つけられるようなアプローチとメンタルツールを提供することだ。

> 📖 **NOTE**
>
> 　本書の執筆に際して、まったく別の分野で、戦略的かつコラボレーションの多いインタラクションの魅力的な例を見つけた。ハタとウツボという一見無関係そうな種類の魚たちは、岩の割れ目に隠れている小魚を捕らえるために、合図を送って明示的に協力しあっている。ウツボが割れ目にそっと入り込んで、小魚を脅かし、出てきたところでハタが簡単に捕食するのだ。あなたの組織でハタとウツボが一緒になって、より良いフローとビジネスアウトカムを実現するにはどうしたらよいか、本書を読んで見つけてほしい。

CHAPTER 2

コンウェイの法則が重要な理由

Conway's Law and Why It Matters

> コンウェイの法則は「私たちの組織が原因で利用できない、より良い設計があるのではないか」と問い続ける義務を生み出す。
> —— メルヴィン・コンウェイ、「Toward Simplifying Application Development, in a Dozen Lessons（12の教訓に学ぶアプリケーション開発の単純化）」

Chapter 1では、なぜ組織はチーム編成を成功のための不可欠な要素として捉える必要があるのかについて論じた。また組織におけるチームの働き方を理解するための基礎となる考えや原則についても説明し、本書全体で重要になる概念を紹介した。PART I の残りでは、コンウェイの法則がチームや組織構造、ソフトウェアアーキテクチャーについて示すことをより詳細に議論する。それからチームファーストのアプローチの意味を掘り下げる。PART I は、コンウェイの法則を始め、チームトポロジーを考える際に理解しておくべき組織設計やチーム設計のための基本原則を提供することを目標としている。

コンウェイの法則を理解する

ソフトウェアシステムがかつてないほど大規模化し相互接続されたことで、チームの構造自体が長期間にわたって影響力を持つようになった。そのなかでチームを編成するときに働く力を理解するには、コンウェイの法

則は不可欠だ。だが、ソフトウェアアーキテクチャーにまつわる1968年の法則が、時の試練に耐えられるのか疑問に思うかもしれない。

マイクロサービス、クラウド、コンテナ、サーバーレスなど、私たちは長い道のりを歩んできた。こういった新しいものは、チームが局所的に改善するのには役立つが、組織が大きくなればなるほどその利益を得るのは難しくなる。チームの組成やコミュニケーションの方法は、過去のプロジェクトやレガシーな技術に基づくことが多い（数十年ではないにしても、数年前に作られた最新の組織図を反映している）。

大企業で働いたことがあるなら、モノリシックな共有データベースがビジネス全体を支えている例に遭遇したことがあるだろう。当然ながら、DevOpsとマイクロサービスが勢いを増す以前は、モノリシックなデータベースが優位なのには、技術スタックレイヤーにおける人やチームの専門性の高まりといった妥当な歴史的理由があった。だが今も、プロジェクト思考、アウトソーシングによるコスト削減、経験不足な若手チームなどのせいで、この明らかなアンチパターンが続いている。モノリシックなデータベースは依存するアプリケーションと対になっていて、小規模なビジネスロジックの変更でさえもデータベースレベルでの変更を誘発する要因となってしまう（詳細はChapter 6）。こうした事態を避けるために組織に必要なのは、優れたアーキテクチャーのプラクティスだけではない。この新しい考え方に沿って編成されたチームが必要なのだ。

スポーツ用品メーカーのAdidasはコンウェイの法則を組織設計の原動力として明確に捉え、興味深い変革を遂げた。プラットフォームエンジニアリング担当の上級ディレクターであるフェルナンド・コルナゴとプラットフォームエンジニアリング＆アーキテクチャー担当VPのマーカス・ラウタートによると、かつてIT部門はソフトウェアのほとんどを作る1社のベンダー（頻繁な引き継ぎを要した）とごく少数の内製エンジニア（エンジニアリングよりマネジメントが主な仕事だった）からなるコストセンターだったが、プロダクト指向のチーム編成に変わったそうだ。Adidasはエンジニア要員の8割をつぎ込んで、ビジネスニーズに沿った職能横断

的なチームによってソフトウェアを内製でデリバリーできるようにした。残りの２割は中枢プラットフォームチームとし、エンジニアリングプラットフォームや技術面での進化、各種相談への対応、新たに採用するプロフェッショナルの受け入れを担当した。Adidasはデジタルプロダクトのリリース頻度を60倍に増やすことができた一方で、ソフトウェアの品質にも良い影響を与えた[15]。

　実地的な経験に加え、コンウェイが示した傾向を広く裏付ける研究も増えている。アラン・マコーマックと彼のハーバード・ビジネス・スクールの同僚たちはオープンソースやクローズドソースのソフトウェアプロダクトについての調査を行い、「プロダクトのアーキテクチャーはそれが開発された組織の構造を反映する傾向があるという仮説を支持する強力な証拠」を発見した[16]。

　自動車製造や航空機エンジン設計といった他の業界における研究も、この説を裏付けている[17]。実際、コンウェイの法則によって特定された同形力が広く当てはまるということを示す、たくさんの業界研究が行われてきた。

　ルース・マランの「システムのアーキテクチャーと組織のアーキテクチャーが対立する場合、組織のアーキテクチャーが勝つ」[18]という言葉はコンウェイの法則の現代版とも言える。組織は、組織におけるリアルな現場でのコミュニケーションと一致するかそれによく似た設計を生み出すように制約される、ということをマランは指摘する。このことは、内製か業者経由かを問わず、ソフトウェアシステムを設計し構築するいかなる組織にとっても戦略的に重要な意味を持つ。

　とりわけ、職能型サイロ（品質保証（QA）、データベース管理、セキュリティといった特定の機能にチームが特化している）の形で配置された組織が、エンドツーエンドのフローに適した設計のソフトウェアシステムを作り出すことはまずない。同じように、地域ごとの販売チャネルを中心に配置された組織が、全世界向けに複数の異なるソフトウェアサービスを提供するような効果的なソフトウェアアーキテクチャーを作り出すこともな

いだろう。

　なぜ組織は確かなアーキテクチャーを発見したり維持したりする可能性が低いのだろうか？　コンウェイは1968年に発表した論文で、「どんなチーム編成にも、うまく活用できない設計形式の類は存在する。そのために必要なコミュニケーションパスが組織に存在しないためだ」[19]と述べていて、いくつかのヒントを示している。

　正式な指揮命令系統かどうかに関係なく、組織内のコミュニケーションパスが、組織が考案できるソリューションの種類を事実上限定する。だが私たちは、戦略的優位のためにこれを利用してもよいのだ。ある種の設計（たとえば、技術的な内部に焦点を当てすぎたもの）を使わせたくないなら、そうならないように組織を再編すればよい。同じように、組織にある種の設計（たとえば、フローに適したもの）を発見し使わせたければ、そうなるように組織を再編すればよい。もちろん、私たちが望む設計を組織が見つけて利用する保証はないが、少なくともコミュニケーションパスを形成することによってその可能性は高められる。

　コンウェイの法則を利用した組織設計は、効果的なソフトウェア設計の探索を大幅に加速させる重要な戦略的活動となり、さほど効果のないソフトウェア設計を回避することにつながっていく。(Chapter 8では、コンウェイの法則を念頭に置き、組織を戦略的に進化させる方法について詳しく説明する)。

逆コンウェイ戦略

　組織がフローに最適化された効果的なソフトウェアシステムを構築する可能性を高めるには、逆コンウェイ戦略を選択し、ソフトウェアが完成するより前にチーム間の相互のコミュニケーションを再構成するとよい。初めは反発を受けるかもしれないが、マネジメントの十分な意思とチームの意識があればこのアプローチはうまくいく。

　逆コンウェイ戦略は2015年頃に技術の世界で勢いを増し、以来多くの

組織で応用されてきた。ニコール・フォースグレン、ジェズ・ハンブル、ジーン・キムは著書『LeanとDevOpsの科学』（インプレス、2018年）のなかで、ハイパフォーマンスな組織にはこの戦略が重要であると裏付けている。

> これに対して私たちの調査研究では「逆コンウェイ戦略」とも呼ばれる考え方（組織はチーム構造と組織構造を進化させて、望ましいアーキテクチャーを実現すべきだ、という考え方）を裏付ける結果が出ている。目指すべきは「〈チーム間のコミュニケーションをさほど要さずに、設計からデプロイまでの作業を完遂できる能力〉を促進するアーキテクチャーを生み出すこと」なのだ [20]。

　先ほど述べたモノリシックなデータベースのアンチパターンを覚えているだろうか？　安定したチームがなく、すべての変更要求が一時的なプロジェクト（多くの場合は外注される）を通じて行われるため、アプリケーションがデータベースレベルで深く結合（データやプロシージャの共有）してしまうという極端な例もある。これは結局、ビジネスのある一部を他のビジネスロジックから切り離せず、そこにコモディティシステムを採用する妨げとなった。内製エンジニアを自由にして機能を差別化し、進化する顧客ニーズに対応させるのではなく、このような技術的負債を生むことは、組織がよりすばやく動いて競合他社に差をつける能力を組織から奪ってしまう。

　では、逆コンウェイ戦略をチーム編成にどう活かせば、求められるソフトウェアアーキテクチャーを手に入れることができるのだろうか？

　ソフトウェアを構築する組織におけるコンウェイの法則をあえて単純化して、仕事場での意見や影響力を説明してみよう。フロントエンドとバックエンドの開発者で構成された4つの独立したチームがシステムの別々の部分で作業をしていて、データベース管理者（DBA）にデータベースの変更を依頼するとしよう。変更フローは、概念的には図2.1のようになるだろう。

　コンウェイの法則によれば、このようなチーム設計から自然に生まれた

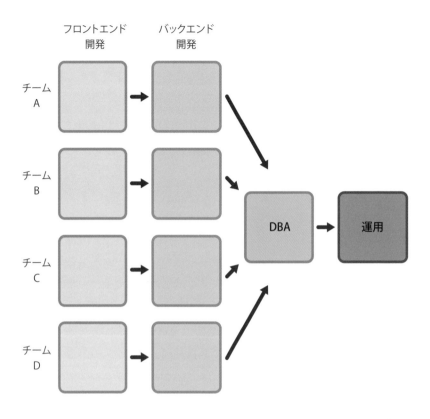

図2.1　ソフトウェアシステムに従事する4チーム

フロントエンドとバックエンドの開発者からなる4つの別々のチームがソフトウェアシステム
に従事している。フロントエンド開発者はバックエンド開発者としかコミュニケーションせず、
バックエンド開発者はデータベース変更を行う唯一のDBAとコミュニケーションする。

ソフトウェアアーキテクチャーは、チームごとに別々のフロントエンドと
バックエンドのコンポーネントを持ち、共有のコアとなるデータベースを
1つ持つことになる（図2.2）。

　つまり、共有データベース管理チームがいれば単一の共有データベース
の出現につながる可能性があり、フロントエンドとバックエンドの開発者
が別々にいれば、UIとアプリケーションの層が分かれるということだ。
これは、行われるコミュニケーションの性質に起因する。もし、この単一

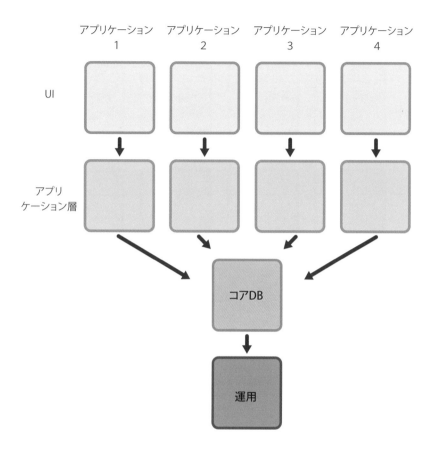

アプリケーション 1　アプリケーション 2　アプリケーション 3　アプリケーション 4

UI

アプリ
ケーション層

コアDB

運用

図2.2　4チームでのソフトウェアアーキテクチャー

それぞれが個別のユーザーインターフェイス（UI）を持ち、単一の共有データベースとコミュニケーションするバックエンドアプリケーション層が1つという、4つの個別のアプリケーション。これは図2.1におけるチームのコミュニケーションアーキテクチャーを反映し一致している。単純に90度回転させた図。

　の共有データベースと4つの2層のアプリケーションこそが求めているソフトウェアアーキテクチャーなのであれば、すべてはうまくいく。

　だが、単一の共有データベースが欲しいのでなければ問題だ。コンウェイの法則によって特定された同形力が、現在の組織設計とコミュニケーションパスから生まれる「自然な」ソフトウェアアーキテクチャーに強い

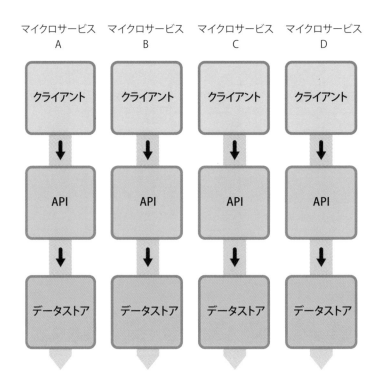

マイクロサービス A	マイクロサービス B	マイクロサービス C	マイクロサービス D
クライアント	クライアント	クライアント	クライアント
API	API	API	API
データストア	データストア	データストア	データストア

図 2.3　独立したサービスとデータストアからなるマイクロサービスアーキテクチャー

別々のデータストア、API レイヤー、フロントエンドクライアントを持つ 4 つの個別サービスからなるマイクロサービスベースのアーキテクチャー。

影響を及ぼしている。

　たとえば、新しいクラウドベースのソフトウェアシステムにマイクロサービスアーキテクチャーを利用したいとする。各サービスは独立していて独自にデータストアを持っている（図2.3）。

　逆コンウェイ戦略を応用すれば、必要なソフトウェアアーキテクチャーに「一致」するようチームを設計できる。クライアントアプリケーションと API ごとに個別の開発者を置き、チームにデータベース開発者を入れる（図2.4）。

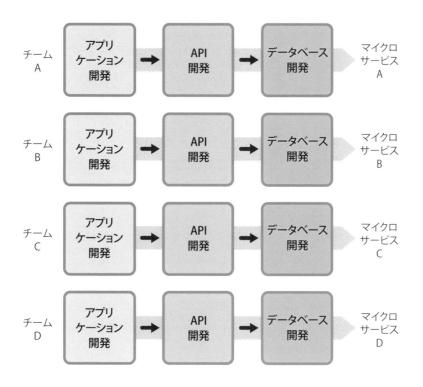

図 2.4　独立サービスとデータストアを持つマイクロサービスアーキテクチャーのためのチーム設計

コンウェイの法則の背後にある同形力を未然に防ぐ組織設計で、4 つの独立したマイクロサービスを持つソフトウェアアーキテクチャーを作りやすくする。この図も基本的には図 2.3 の図を 90 度回転させただけである。

　コンウェイの法則によれば、このチーム設計が最も「自然に」望ましいソフトウェアアーキテクチャーを生み出す。データストアをビジネスドメインに沿ったものにしたければ、単一の「ファン・イン[3]」なデータベース担当者やチームを置くことは避けなければいけない。アプリケーション開発チームにデータ関連の能力を持たせることで対処するとよいだろう。

---

3 訳注　複数の入力を 1 つにまとめて順番に処理するパターンを指す

チーム内のフローをよくするソフトウェアアーキテクチャー

コンウェイの法則によれば、チームを編成する前にどんなソフトウェアアーキテクチャーが必要かを理解する必要がある。さもないと、組織内のコミュニケーションパスとインセンティブがソフトウェアアーキテクチャーを決定づけてしまう。マイケル・ナイガードの言うように「チームの割り当てが、アーキテクチャーの第1稿だ」[21] ということだ。

安全で速い変更フローを実現するには、チーム内のフローとそれに合わせたソフトウェアアーキテクチャーの設計を検討する必要がある。デリバリーの基本となる手段はチームなので（Chapter 3参照）、システムのアーキテクチャーは各チームの速いフローを実現し促進するものでなければいけない。ありがたいことに、実際には、以下のような実証済みのソフトウェアアーキテクチャーのグッドプラクティスに従えばよい。

- 疎結合：コンポーネントは他のコンポーネントに強い依存性を持たない
- 高凝集性：コンポーネントは明確な責任の境界を持ち、内部要素は強い関連を持つ
- 明確かつ適切なバージョン互換性
- 明確かつ適切なチーム横断でのテスト実行

概念レベルでは、ソフトウェアアーキテクチャーは実現される変更フローと似ているべきだ。相互接続された一連のコンポーネントではなく、下位のプラットフォームの上でフローを設計していくべきなのだ（プラットフォームについてはChapter 5で触れる）。

ものごとをチームの規模にとどめておくことで、マコーマックらの言う「モジュールサイズを制限することで理解しやすくし、設計変更の伝播を最小限にすることで貢献しやすくする『参加のためのアーキテクチャー』」[22] の達成に近づく。すなわち、人の能力を最大限に引き出すチームファース

トのソフトウェアアーキテクチャーが必要なのだ。

ものごとを分離しチーム内にとどめておくことが重要で、それができているかどうかを常に確認しよう。それが組織を評価するテストになるのだ。実際、ジョン・ロバーツも著書『The Modern Firm』でこう書いている。

「非集計モデルに準拠した設計を採用することで、パフォーマンスの実質的な向上が可能となる」[23]。

このようなパフォーマンスの向上は、ある程度までは変更フローの改善によるもので、ある程度までは組織がアーキテクチャーを新しいコンテキストに合わせて変更できる能力によるものだ。

『The Principles of Product Development Flow』の著者、ドン・レイネルトセンはこう言う。

「急速な変化の実現要因としてアーキテクチャーを利用することもできる。そのためには、変化を潔く受け入れるためにアーキテクチャーを分割する必要がある」[24]。

このように、アーキテクチャーは邪魔どころか実現要因にもなれるのだが、これはコンウェイの法則に基づくチームファーストのアプローチを取った場合に限られる。

組織設計には技術的専門知識が必要だ

コンウェイが言及したアーキテクチャーとチーム編成の間にある自己相似の力が現実のものであることを受け入れるなら、同じように、エンジニアリングチームの形成と配置に対する意思決定者はソフトウェアシステムのアーキテクチャーに強い影響を持つのだということを受け入れなければいけない。ルース・マランの言葉を借りれば、コンウェイの法則は「どのサービスを構築すべきか、どのチームが構築すべきかということをマネジャーに決めてもらっているなら、それはシステムのアーキテクチャーをマネジャーに決めてもらっているのと同じだ」[25]ということを意味する。

人事部門は、ソフトウェアシステムに対してどの程度の認識を持っているだろうか？　チーム間の予算配分を決定する部門長のグループは、自分たちの選択がソフトウェアアーキテクチャーの生存可能性に与える影響について知っているだろうか？

　コンウェイの法則の背後にある同形性を示す証拠が増えていることを考えると、技術リーダーの意見を聞かずにチームの形成、責任、境界について決定を下すというのは、ソフトウェアシステムを構築する組織にとって非常に非効率で、そしておそらく無責任なのだ。

　実際に、組織設計とソフトウェア設計は同じコインの裏表であり、どちらも同じだけの知識を持った人たちによってなされる必要がある。アラン・ケリーのソフトウェアアーキテクトの役割についての見解は、この考えをさらに発展させたものだ。

> これまで以上に確信するようになったことがある。アーキテクトを名乗る人には技術的スキルと社会的スキルの両方が必要であり、人間を理解し社会の枠組みのなかで仕事をする必要があるということだ。同時に、彼らには純粋な技術にとどまらない広範な権限が必要だ。組織構造や人事問題についても発言権を持つ、つまりマネジャーになる必要があるのだ。[26]

　基本的に、組織設計にはエンジニアを巻き込む必要がある。というのも彼らは、API、インターフェイス、抽象化、カプセル化といった重要なソフトウェア設計の概念を理解しているからだ。ナオミ・スタンフォードはこのように付け加える。

　「部署や課、システム、ビジネスプロセスといったものは、設計の一部としてより広い組織とのインターフェイスや境界を決める場合に限り、独立して設計できる」[27]。

不必要なコミュニケーションを制限する

　コンウェイの法則の示す重要な点は、すべてのコミュニケーションとコラボレーションがよいとは限らないということだ。したがって「チームイ

ンターフェイス」を定義し、どんな仕事には強力なコラボレーションが必要で、どんな仕事には必要ないのかという期待値を設定することが重要になる。多くの組織はいつでもコミュニケーションは多いほうがよいと考えるが、実際にはそうではない。

　必要とされるのは、特定のチーム間における集中的なコミュニケーションだ。予期せぬコミュニケーションを探し、その原因に取り組むことが必要なのだ。マヌエル・ソーサらが2004年に航空機製造産業を対象に行った研究でも明らかになったように、「マネジャーは、モジュラーシステム全体で、設計インターフェイスが定まっていない原因や、予期せぬチームインタラクションの原因を理解することに努めるべきだ」[28]ということだ。

　プロダクト開発手法であるスクラムの先駆者の1人でもあるマイク・コーンは、組織におけるチーム間のコミュニケーションの健全性を評価するためにこんな質問をする。

　「その構造は、チーム間のコミュニケーションパスの数を最小化するような構造になっているか？　その一方で、チーム間のコミュニケーションが必要な場合は、それを誘発するような構造になっているか？」[29]。

　ここでコーンは、ソフトウェアアーキテクチャー設計を踏まえると、論理的には2つのチームはコミュニケーションを必要としていないのに、コミュニケーションしているのであれば何かが間違っているに違いない、それを確認する必要があると述べている。APIは十分か？　プラットフォームが適切でないのか？　コンポーネントが不足しているのか？　チーム間で低帯域幅、あるいはゼロ帯域幅のコミュニケーションを実現した上で、なおソフトウェアを安全かつ効果的ですばやい方法で構築しリリースすることが可能なのであれば、そうすべきなのだ。これを表したのが図2.5で、ヘンリック・クニベルグの「Real Life Agile Scaling（現実のアジャイルスケーリング）」[30]に基づいている。

　コミュニケーションを制限する簡単な方法は、2つのチームをオフィスの別の場所、別のフロア、あるいは別の建物に移動させることだ。チーム

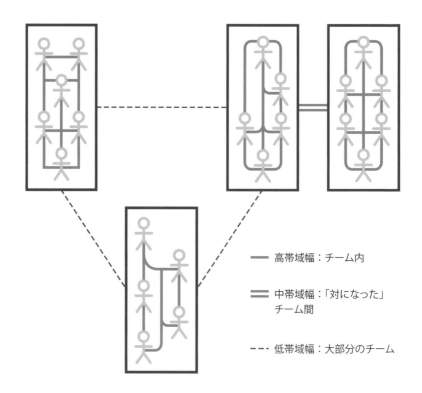

高帯域幅：チーム内

中帯域幅：「対になった」
チーム間

低帯域幅：大部分のチーム

図2.5　チーム間コミュニケーション

チーム内のコミュニケーションは高帯域幅である。2つの「対になった」チーム間のコミュニケーションは中帯域幅だろう。大部分のチーム間のコミュニケーションは低帯域幅のはずだ。

がバーチャルだったりほとんどのコミュニケーションがチャットツール経由だったりする場合は、チーム間のコミュニケーションの量やパターンから、ソフトウェアアーキテクチャーに期待されるインタラクションに合っていないコミュニケーションがどれなのかがわかる。

　同じように、大規模チームがシステムの2つの異なる領域を定期的に処理するような場合は、同じチームメンバーが別のシステムを担当していなければ、このチームを2つの小さなチームに分けてそれぞれの部分に専念させるとよいだろう。たとえば、新しいサービスと既存コンポーネントを担当する場合のように、あえてチーム全体がシステムの複数の部分を担当

している場合は、チームをそのまま1つにしておこう（古いソフトウェアシステムを長期的に「継続的ケア」するパターンについては、Chapter 8を参照のこと）。

ときには、2つ以上のチームがソフトウェアのことでコミュニケーションしなければいけないこともある。本来は、論理的に分けるべきだが、システムの一部分のコードが同じバージョン管理リポジトリに入っていたり、同じアプリケーションやサービスの一部だったりするためだ。そのような場合は、「節理面」パターン（Chapter 6で扱う）を使ってソフトウェアを小さなかたまりに分割し別々のリポジトリに格納する必要がある。

● 全員がすべての人とコミュニケーションする必要はない

オープンプランオフィスや、特に、いつでもさっと使えるチャットツールの手軽さがあれば、誰もが誰とでもコミュニケーションすることが可能だ。そのような状況では、仕事を終わらせるために全員が他のすべての人とコミュニケーションしなければいけない（関連のあるものを抽出するために利用者に負担をかける）ようなコミュニケーションとインタラクションのパターンにうっかり陥ることがある。コンウェイの法則の観点からすれば、これはサブシステム間のモジュール性の欠如といった、ソフトウェアシステムに意図しない結果をもたらす。

「全員がチャットの全メッセージを見るべき」とか、「大規模なスタンドアップミーティングに全員出席すべき」とか、意思決定のために「全員が会議に出るべき」と組織が期待しているなら、組織設計上の問題があるのだ。コンウェイの法則は、こういった多対多のコミュニケーションは、速いフローをサポートしない、モノリシックで、こんがらがっていて、結合度が高く、相互依存するシステムを生み出す傾向にあることを示している。コミュニケーションを増やすことは必ずしもよいことではないのだ。

注 意 コンウェイの法則の軽率な使用

コンウェイの法則の解釈を誤ると、要求されるアーキテクチャーどおりにチームを配置したものの、実際には速いフローとは真逆の効果になるという危険性もある。さらに、チームを横断するツールやコミュニケーションの関係性は見落とされたり無視されたりすることも多いが、そのようなツールの利用が自己相似の設計を強力に推し進める可能性がある。この節では、コンウェイの法則を軽率に適用した結果生じる可能性のある落とし穴を紹介する。

● ツールの選択がコミュニケーションのパターンを推進する

チームのソフトウェアコミュニケーションツールの使い方は、チーム間のコミュニケーションのパターンに大きく影響する。モダンなソフトウェアシステムの構築と運用に苦労している組織に共通する問題は、チームや部門の責任境界とツールの責任境界の不一致だ。共通の共有ビューを提供する1つのツールで十分なのに、複数のツールを使用してしまうこともある。また1つのツールを使っていても、チームが別々のツールを必要として問題が起きることもある。

ここまで見てきたように、コンウェイの法則が示すのは、組織はそのコミュニケーション構造を反映した設計を生み出すようになっているということだ。それゆえに、チーム間インタラクションに共有ツールが及ぼす影響には気を配る必要がある。チームにコラボレーションしてほしければ、共有ツールは理にかなっている。チーム間の明確な責任境界が欲しいのなら、別々のツールを使うか、もしくは同じツールを別インスタンスで使うのが最適だろう。

ソフトウェア開発チームにIT運用チームと密接に連携して仕事をしてほしいとしよう。チケット管理ツールや問題管理ツールを2チームがそれぞれで持つと、チーム間コミュニケーションはうまくいかないことが多

い。チームのコラボレーションとコミュニケーションを促すには、両グループのニーズを満たすツールを選択する必要がある。同じように、本番環境にセキュリティアクセス可能なチームだけが使える、特別な「本番専用」のツールの使用も避けるべきだ。そのツールが、構築中のソフトウェアとやりとりしたり、構築中のソフトウェアを測定したりするのであれば、ツールへのアクセス制限があることで、アクセスできるチームとできないチームとのコミュニケーションの断絶を促進しかねない。ツールはコミュニケーションフローの助けにも妨げにもなり、それゆえ効果的なチームインタラクションに役立つのだ。

 TIP

情報はセキュリティを維持しつつ見える化しよう

　ログ収集ツールは、たとえばデバッグなどの目的で本番ログを調べる必要があるのに、本番環境にアクセスできないアプリケーションチームにとっては、シンプルなソリューションとなる。こういったツールでは、すべてのログを外部に送り、加工し統合してインデックスをつけ、必要に応じて匿名化し、個々のログよりもすばやくイベントを検索して関連付けることができる。チームは必要な情報にアクセスできるようになるが、安全な方法でログを転送できるようにしておけば、本番のセキュリティ制御は損なわれることがない。

　しかし、2つのチーム間の責任境界に重なりがない場合、つまりチームがコラボレーションする必要もなく、まったく異なる役割を持っている場合は、2チームに対して同じ問題追跡ツールや同じ監視ツールを求めても大した価値はないだろう。特に、どちらかのチームが組織外でサービスを提供しているなどという場合はなおさらだ。

　まとめると、まずチーム間の関係を考慮することなしに、組織全体で1つのツールを選択するなどということはしないでほしい。独立したチームごとに別々のツールを使用し、コラボレーションするチーム間では共有ツールを使用しよう。

● たくさんの異なるコンポーネントチーム

軽率にコンウェイの法則を使って、異なるコンポーネントチームをたくさん作り、システムの小さな部分の構築に専念させてきた組織もある。コンポーネントチーム（コンプリケイテッド・サブシステムチーム（Chapter 5参照）と呼ぶほうがふさわしいかもしれない）が必要になることもあるが、非常に詳細な専門知識が必要な場合に限られる。一般的には、速いフローの実現に向けて最適化する必要があるため、ストリームアラインドチームが好まれる。この見方についてはChapter 5で触れる。

● 縄張り作りや人員削減を繰り返す組織再編

過去の多くの「組織再編」の根底にある目的は、人員を削減するか、マネジャーやリーダーの権力のための縄張りを作ることだった。一方、コンウェイの法則に合わせた組織構造の変更では、空間（コンテキストや制約など）の改善を目的としている。組織とはソフトウェアシステムによるソリューションを自身の空間から見出すものだからだ。この２つの組織改編のアプローチは相互に排他の関係だ。ソフトウェア企業や「プロダクト」企業の組織構造は、プロダクトのアーキテクチャーを見越しているべきであり、これにチームファーストのアプローチが加わると、管理上の理由による定期的な組織再編は過去のものになるはずだ。

強い言い方をするなら、管理の利便性や人員削減を目的とした定期的な組織再編は、組織がソフトウェアを効果的に構築し運用する能力をどんどん奪う。コンウェイの法則、チームの認知負荷、関連する力学を無視した組織再編は、子供が心臓切開手術をするようなものだ。リスクが高く、極めて破壊的だ。

> **まとめ** 技術の世界における効率的なチーム設計にはコンウェイの法則が不可欠

コンウェイの法則によれば、組織の構造やチーム間の実際のコミュニ

ケーションパスが、結果的に構築されるシステムのアーキテクチャーにつながる。チームそのものの設計とソフトウェアの設計を別の活動にしようとしても無駄なのだ。

このシンプルな法則の影響は広範囲に及ぶ。組織の設計は、与えられたシステムのアーキテクチャーに対するソリューションの数を限定してしまう。その一方で、ソフトウェアデリバリーの速度は、組織設計がどれだけ多くのチーム間の依存関係を組み込んでいるかによって大きく左右される。

速いフローを実現するにはチーム間のコミュニケーションを制限する必要がある。開発のグレーゾーンにはチームのコラボレーションが重要だ。ものごとを進めるには探索も専門知識も必要とされるからだ。だが、探索ではなく実行が優勢な領域では、コミュニケーションは不必要なオーバーヘッドになる。

ソフトウェアアーキテクチャーと、デリバリーの速度や不具合解消までの時間の短縮などアーキテクチャーがもたらす利益を手に入れるためには、逆コンウェイ戦略の適用が極めて重要なアプローチの1つになる。つまり、望ましいアーキテクチャーの形に一致するようチームを設計するのだ。ここでは、アプリケーションチームにデータベーススキルを組み込み、個別のデータストアを維持するための十分な自律性を持たせることで（データベース設計やデータベース間の同期については、おそらくデータベース管理チームに依存するだろうが）、組織はモノリシックなデータベースを回避できるという簡単な例を紹介した。

つまり、ソフトウェアアーキテクチャーを設計したり、チーム構造を再編したりするときには、コンウェイの法則の影響を考慮することで、ソフトウェアアーキテクチャーとチーム設計を統合する同形力を活用できるようになる。

CHAPTER 3

チームファースト思考

Team-First Thinking

ハイパフォーマンスなチームを解散するのは、単なる破壊行為では済まない。企業レベルのサイコパスと呼ぶべきものだ。

—— アラン・ケリー、『Project Myopia』

近年の複雑なシステムに取り組むには、チームの効果的なパフォーマンスが必要だ。これは、組織行動の専門家には何十年も前から知られていたことだ。知識が必要で、問題解決に大量の情報を扱う課題に取り組むには、個人の集まりよりも、団結したチームが有効なことをドリスケルとサラスは発見した[31]。かつては階層型組織だった米陸軍のような組織でも、活動の基本的な単位としてのチームを適用している。ベストセラーとなった『チーム・オブ・チームズ』(日経BP、2016年)で、米陸軍退役大将スタンリー・マクリスタルもこう言っている。

「チームが偉業を成し遂げるのは、単にそれぞれの資質が優れているからだけでなく、**メンバーがまとまって1つの生命体と化すからだ**」(強調は著者)[32]。

特にソフトウェア開発においては、近年のソフトウェア要素の多いシステムに必要とされる変化のスピードや頻度、複雑性を考慮すれば、チームは必須の存在である。モダンなソフトウェアを開発して進化させるのに必要な情報の質と量を適切に扱い続けるのは、個人では継続不可能なのだ。

実際、Googleが自分たちのチームについて行った研究によれば、チームに誰がいるかということより、チームの力学が重要なことがわかった[33]。特にパフォーマンスを計測するという点では、個人よりチームがはるかに重要になる。効果的にソフトウェアを提供するには、まずチームから始めなければいけない。チームを育むのに考慮する点はたくさんある。チームのサイズ、チームの寿命、チームの関係、チームの認知だ。

長続きする小さなチームを標準とする

　本書では、「チーム」は明確な意味を持って使われる。チームとは、5人から9人のメンバーからなる安定したグループで、共有されたゴールのために働く単位のことだ。私たちは、チームをソフトウェアの提供が可能な組織内で最小の単位として捉えている。ソフトウェアの設計、提供、運用におけるすべての側面において、まずチームから始める。

　効果的に働けるチームの最大サイズは、多くの組織では7人から9人だ。有名な話として、Amazonではソフトウェアのチームのサイズはピザ2枚分までとしている[34]。スクラムのような人気のフレームワークでもサイズを制限するよう推奨している。このようなサイズの制限は、グループの認知と信頼に関する進化上の限界から来ている。この限界の数をダンバー数と呼ぶ。文化人類学者のロビン・ダンバーにちなんで名づけられた。ダンバーは、1人の人間が信頼できる人間の数は150人までであることを明らかにした[35]。そのうち、お互いのことを詳しく知って親密な関係を築けるのは、5人くらいだ[36]。

　チームのサイズをマジックナンバーの7から9人を超えて大きくすると、チームが作るソフトウェアの生存可能性が失われる。信頼関係が失われ、不適切な判断がなされるようになるからだ。組織では、チーム内の信頼を最大にする必要がある。すなわち、チームメンバーの数を制限する必要があるのだ。

　変更をすばやく届けるには、強い信頼関係が明確に価値として認められ

ていること、またそのために組織が設計されていることが重要だ。強い信頼関係があるおかげで、チームは実験しイノベーションを起こすことができる。人数が多いために信頼関係が減ったり、失われたりすると、デリバリーの安全性と速度が損なわれる。

> 📖 NOTE
>
> **深い信頼関係のある組織では、もっと大きなチームを維持できる場合もある。**
>
> 7-9人のルールには例外もあるが、ごくまれだ。組織に信頼、相互尊敬、失敗の受容という強い文化があれば、15人くらいまでのチームならうまくいっている例もある。だが、経験上このような組織はかなり少ない。

● 小さなチームが信頼を育む

チームサイズの限界とダンバー数の関係は、チーム、部門、仕事のストリームの数、ビジネスラインの数などでも同じだ。人類学における研究でも、人が深い関係を結べる人の数には7という明確な限界があることがわかっている[37]。

- ・およそ5人：人が親密な関係、もしくはワーキングメモリーを保持できる人数の限界
- ・およそ15人：人が深く信頼できる人数の限界
- ・およそ50人：人が相互信頼できる人数の限界
- ・およそ150人：人が他の人の能力を覚えていられる限界

社会的な関係を効果的に維持できる限界は500人から1,500人とする研究者もいる（ここにも3倍の原則が働いている）。ここで重要なのは、好むと好まざるとに関わらず、組織のなかで効果的に働けるグループの数には自然な限界があるということだ。グループのサイズが大きくなるにつれ、メンバー間の力学やふるまいは大なり小なり変化する。小さなスケールでうまくいっていたルールやパターンが、大きなスケールではうまくいかないこともある。

チームが効果的に働くには信頼が不可欠だ。ただし、グループのサイズが大きくなると、必要なレベルの信頼関係を維持できなくなる。そうなると小さなユニットの頃のようには、効果的に働けなくなる。ソフトウェアシステムを構築し運用している組織では、グループに含まれるチームの数をダンバー数以内に意識して制限することが必要だ。そうしないと、チームのふるまいやインタラクションが予測不可能になってしまう。

- ■単一チーム：5 - 8人（業界での経験から）
  - ・高信頼組織：15人以内
- ■ファミリー（「トライブ」）：50人以内のメンバーからなるチームのグループ
  - ・高信頼組織：150人以内のグループ
- ■部門／ビジネスライン／収益部門：150-500人以内のグループ

組織は、ダンバー数に則ったサイズのグループによって構成できる。限界に達したら、別のユニットとして分割し、半独立のグループとする。「ダンバー数によるスケーリング」は同心円のグループで表せる（図3.1、ジェームス・ルイスによる「タマネギ」コンセプトを示す）[38]。

ソフトウェア中心のプロダクトやサービスの場合、ダンバー数の制限は、部門の人数にも当てはまる。つまり、ある部門の人数が50人（あるいは150人、500人）を超える場合、そのなかにある他のビジネスラインやバリューストリームで働く人数にも影響がある。他のグループとの間の力学が内的にも外的にも変化するのだ。ということは、ソフトウェアのアーキテクチャーも、チームが効果的にアーキテクチャーのオーナーであり続けるために、新しいチームのグルーピングに沿ったやり方に合わせる必要がある。これが、私たちが「チームファーストアーキテクチャー」と呼ぶものの例で、多くの組織にはこれまでとはかなり違った考え方が求められる。だが、2 ピザルールで知られるAmazonのような会社が、「チームファーストアーキテクチャー」が大きな成功を収める、スケーラブルな

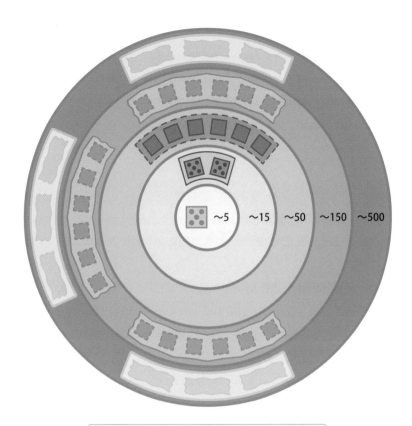

図 3.1　ダンバー数によるスケーリング

組織のグループはダンバー数に従う必要がある。まずは 5 人（ソフトウェアチームの場合は 8 人）のチーム、そして 15 人、50 人、150 人、500 人というようにする。

やり方であることを証明した[39]。

 TIP

チームファーストアーキテクチャーは、ダンバー数によって駆動される

　ダンバー数によって決まる人間の相互作用の限界に、ソフトウェアシステムのアーキテクチャーを合わせるように変える必要があることを想定しておいてほしい。チームファーストの視点を持って活用すれば、マイクロサービスのようなアプローチも有効だろう。

● 長続きするチームに仕事が流れ込む

　チームを作って、そのチームが効果的に働けるようになるには時間がかかる。チームが一体として働けるようになるには、2週間から3か月以上かかるのが一般的だ。一体として働ける状態に達することができれば、個人が単に集まって働くよりも何倍も効果的に働けるようになる。チームが効果的に働けるようになるのに3か月かかるのであれば、チームとチームがいる環境を安定させ、チームがその状態に到達できるようにしなければいけない。

　6か月のプロジェクトを完了してやっとチームのパフォーマンスが向上してきたところで、メンバーを他のチームにアサインし直すのは、ほぼ価値がない。フレデリック・ブルックスが、この業界では古典とされる『人月の神話』（丸善出版、2014年）で指摘し、ブルックスの法則として知られるようになったとおり、チームに新しい人を追加してもすぐにキャパシティが増えるわけではない[40]。特に初期段階は、キャパシティは増えるどころか減ることが実際は多い。新しいメンバーはスピードに乗るための助走期間が必要であり、新しいメンバーが増えるごとにチーム内のコミュニケーションパスの数は大きく増える。さらに、新しいメンバーと既存のメンバーの間で、視点の差や仕事のやり方の差を感情的に受け入れるための適応が必要となる。これは、チームの成長過程を表したタックマンモデルにおける混乱期にあたる[41]。

　ベストなやり方は、アラン・ケリーが、2008年の著書『Project Myopia』で示したように、チームを安定させ「チームに仕事が流れ込む」ようにすることだ[42]。チームは安定している必要があるが、固定してはいけない。必要なときにときどき変えるのだ。

　高信頼な組織では、人が年に1回チームを移っても、チームのパフォーマンスに大きな問題が出ることはない。たとえば、クラウドソフトウェアを専門とするPivotalでは、「エンジニアは9か月から12か月ごとに他のチームに移っている」[43]。信頼のレベルがそこまで高くない通常の組織では、メンバーは同じチームにより長い期間（1年半から2年くらい）と

どまるべきだし、チームの一体感を維持、改善するためにコーチングを受けられるようにすべきだ。

> **📖 NOTE**
>
> **タックマンモデルの先へ**
>
> タックマンモデルは、チームの成長を4段階で説明している。
>
> 1. 形成期：最初にチームが集まる
> 2. 混乱期：個性やそれぞれの仕事のやり方の差があるなかで取り組み始める
> 3. 統一期：一緒に働く標準的なやり方を進化させる
> 4. 機能期：高い効果を出せる状態になる
>
> しかし、パメラ・ナイトらによる最近の研究では、このモデルが必ずしも正しくないことがわかってきた。チームが存続している間、混乱はずっと続くというものだ[44]。組織はチームのハイパフォーマンスを維持するために、チームの力学を継続的に育まなければいけない。

● チームがソフトウェアのオーナーとなる

長続きする小さなチームがあることで、ソフトウェアのオーナーシップの改善が始められる。チームによるオーナーシップがあるおかげで、最近のシステムが運用性と合目的性を維持するのに必須となる「保守の継続性」を提供できるようになる。チームによるオーナーシップがあれば、探索段階、開発段階、実行段階に至るまでの複数の「ホライゾン」で、チームがソフトウェアの保守や生存可能性について考えられるようになる[45]。ジェズ・ハンブル、ジョアンヌ・モレスキー、バリー・オライリーが、著書『リーンエンタープライズ』（オライリージャパン、2016年）で述べたように、ホライゾン1は、プロダクトやサービスの直近の未来を指し、年内にも結果が見えるものだ。ホライゾン2は、次の数期分を意味し、プロダクトやサービスの提供範囲を拡大する。ホライゾン3は、かなり将来のことで、新しいサービス、プロダクト、フィーチャーのマーケットとの適合性について実験を行わなければいけない。

複数のチームに同一のシステムまたはサブシステムの変更を許すと、その変更と、変更がもたらす混乱について、誰もオーナーシップを発揮しなくなる危険がある。しかし、システムやサブシステムのオーナーが単一のチームで、仕事の計画について自律していれば、数週間先には削除されるさしあたっての障害対応について適切な判断を下せるようになる。異なるタイムホライゾンをまたがってオーナーシップがあることを認識することで、チームはコードをより効果的に保守できるようになる。

　ソフトウェアシステムのすべてのパーツのオーナーは単一のチームである必要がある。すなわち、コンポーネント、ライブラリ、コードの共同所有は許すべきでない。実行時に共有サービスを利用することはあるが、それでも実行されているサービス、アプリケーション、サブシステムは、それぞれ単一のチームがオーナーシップを持つべきだ。オーナー以外のチームは、プルリクエストを送ったり、要望を送ったりはできる。だが、コードを直接変更することは許されない。他のチームを信頼できるのであれば、コードへのアクセスを一定期間許すこともある。それでも、オーナーシップはもとのチームが保持したままだ。

　チームによるオーナーシップが、縄張り争いにならないように注意する必要がある。コードについてチームが責任を持って保守するが、それはチームメンバー個人が他人を排除して、コードが自分だけのものと思ってよいということではない。チームは、自分たちをコードの専有者ではなく、コードの世話役であると考えておくほうがよい。コードはガーデニングのように扱うべきものだ。取り締まる対象ではない。

● チームメンバーにはチームファーストのマインドセットが必要だ

　デリバリーの基本的な単位は、個人ではなくチームであるべきだ。チームファーストアプローチに従うなら、チームのメンバー全員が確実にチームファーストのマインドセットを持つ（もしくは育む）ようにしなければいけない。こういうやり方に慣れない人もいるだろうが、適切なコーチングと学習によって多くの人は適応できる。

チームで効果的に働くには、チームメンバーは個人のニーズよりチームのニーズを優先しなければいけない。たとえば以下のようなものだ。

・スタンドアップや会議の開始時間に遅れないこと
・議論や調査を脱線させないこと
・チームゴールへの集中を促すこと
・自分の新たな仕事を始める前に、他のメンバーの障害を取り除くのを助けること
・新しく参加したメンバー、経験の少ないメンバーをメンタリングすること
・議論に勝敗をつけようとするのをやめ、良い代替案の探索に合意すること

　コーチングを行っても、個人のニーズよりチームのニーズを優先できない人もいる。そのような人はチームワークを壊すし、極端な場合にはチーム自体も破壊する。こういった「チームの毒」となる人は、実際に被害が出る前にチームから取り除かなければいけない。この分野には多くの研究がある。たとえば、ある研究では「集団指向のチームメンバーは個人指向のチームメンバーと比べて、他のチームメンバーのタスクに参加し、チームとの相互作用によってチームのパフォーマンスを上げる可能性がより高い」[46] としている。

● チーム内の多様性を受け入れる

　要求や技術の変化が激しい状況では、チームは課題解決と他のチームとの効果的なコミュニケーションのために、常に新しいやり方を創造的に見出していく必要がある。最近の調査では、民間組織においても軍事組織においても、多様なバックグラウンドを持つメンバーからなるチームのほうがより早く創造的なソリューションを生み出し、他のチームとも共感しやすいことが、強く示唆されている[47]。

　多様なメンバーの混成チームは、ソフトウェアのユーザーの状況やニー

ズに関する思い込みが少なく、より良い結果をもたらせる。トム・デマルコとティモシー・リスターは、有名な著書『ピープルウエア　第3版』（日経BP、2013年）のなかで、「結束したチームを作るには、異質な人が少し混ざっていた方が効果的だ」と記している[48]。新たな可能性を発見しようとするとき、視点や経験の多様性があることで、チームは広範囲なソリューションの範囲をすばやく動けるようになる。『Guide to Organisation Design』の著者であるナオミ・スタンフォードは、「個々の違いがポジティブなエネルギーを生み出す多様な労働力から、人や組織は恩恵を受けている」と述べている[49]。

● 個人ではなくチームに報いる

　リーン生産方式ムーブメントの中心人物であるエドワード・デミングは、著書『Out of the Crisis』のなかでマネジメントにとって重要な14項目を示しており、そこで「年次個人評価の廃止」と「目標設定によるマネジメントの廃止」を挙げている[50]。現代の組織において、個人のパフォーマンスに対して報酬を与えるのは、悪い結果を招きやすく、従業員のふるまいに悪影響を与えることも多い。個人のボーナスを会社の年度末利益の調整に使うのは特に有害なやり方の1つだ。個人が素晴らしい活躍をしても、会社の利益が出ていなければボーナスがない場合もあるし、出たとしても限られた額になる。個人が受け取るべき価値と実際に受け取れるボーナスの差が大きくなり、フラストレーションの原因となり、モチベーションを下げることにもなる。

　チームファーストアプローチでは、チーム全体の活動に対してチームに報酬が与えられる。1990年代、2000年代に大きな成功を収めたNokiaでは、報酬についてこう説明していた。「組織内の給与の差は小さく押さえる。ボーナスの額は小さく、個人の業績ではなく、会社全体の業績に対して通常はチーム単位で支払う」[51]。研修予算についても同じような考え方ができる。チームファーストアプローチでは、研修予算は個人ではなくチーム単位でまとめて割り当てる。あるメンバーがチームに情報を伝える

のがとてもうまいという理由で、その人を年に6回も7回もカンファレンスに送り込みたいとチームが思うなら、それでも構わない。どう判断するかはチームに任されている。

適切な境界が認知負荷を下げる

デリバリーの基本単位としてのチームが確立できたら、組織は次に、チームの認知負荷が高くなりすぎないようにしなければいけない。ソフトウェアシステムを扱うチームの認知負荷が高すぎたら、ソフトウェアのオーナーシップを発揮したり、ソフトウェアを安全に進化させたりすることができなくなる。この節では、チームの認知負荷をどのように認識し、速い変更フローを安全に実現するために、どう認知負荷を制限するかを説明する。

● チームの認知負荷に合うように責任範囲を制限する

近年のソフトウェアデリバリーで摩擦を増やす要因のうち最も認知されていないものの1つが、チームが扱うコードベースのサイズと複雑さが増大の一途をたどっていることである。これは、チームに際限のない認知負荷をもたらす。

認知負荷の問題は、コーディングより運用を主に行っている従来の運用やインフラストラクチャーチームにも当てはまる。責任範囲、運用するアプリケーションの数、管理しなければいけないツールの数なども、認知負荷となっている。

チームファーストアプローチでは、チームの責任範囲をチームが扱える認知負荷に見合ったものにする。このようなやり方に変えることで、チームの設計方法、組織内の他のチームとの関わり方にまで良い波及効果がある。

ソフトウェアデリバリーチームの場合、認知負荷に対するチームファーストアプローチは、チームが扱うソフトウェアシステムのサイズを制限す

ることである。すなわち、チームの認知負荷を超えるサイズのサブシステムの存在を組織は許すべきではない。これはソフトウェアシステムの形、アーキテクチャーに強力かつ急進的な影響を及ぼす。これらの影響については、のちほど詳しく見ていく。

認知負荷は、心理学者ジョン・スウェラーが1988年に「ワーキングメモリで利用される心理的労力の総量」として提唱したものである[52]。ジョン・スウェラーは3種類の認知負荷を定義した。

- 課題内在性負荷：問題領域の本質的なタスクに関連するもの（例：「Javaクラスの構造は？」、「新規メソッドを作成するには？」）
- 課題外在性負荷：タスクが実施される環境に関連するもの（例：「このコンポーネントを再デプロイするには？」、「このサービスを構成するには？」）
- 学習関連負荷：学習を進めたり高性能を実現したりするうえで、特別な注意が必要なタスクに関連するもの（例：「このサービスは、ABCサービスとどのように関わるべきか？」）

たとえばウェブアプリケーション開発者の場合、課題内在性負荷は、基本的なプログラミングの知識と開発に利用する言語の知識になるだろう。課題外在性負荷は、テスト環境を動的に起動するためのたくさんの覚えにくいコンソールコマンドの詳細かもしれない。学習関連負荷は、請求システムや動画処理アルゴリズムといった、開発しているアプリケーションのビジネスドメインなども含まれる。ジョー・ピアースはソフトウェア開発についての認知負荷を研究しており、多数の事例を報告している[53]。

一般的に言って、モダンなソフトウェアシステムのデリバリーと運用を効果的に行うには、研修の実施、適切な技術選定、雇用、ペアプログラミングなどを通じて、組織は課題内在性負荷を最小化しなければいけない。同時に課題外在性負荷も取り除くべきだ。ワーキングメモリに退屈で冗長なタスクやコマンドを入れておく必要はなく、多くの場合自動化できる。

そうすれば、付加価値について考えるための学習関連負荷に使える余力が増える。

本章の前半で説明したように、ソフトウェアシステムを開発し運用するチームの実効的な最大数は7人から9人なので（図3.1）、チームが扱える認知負荷の最大量も決まる。だが、ソフトウェアシステムを分割して責任範囲をチームに割り当てる際に、認知負荷を考慮に入れている組織は少ない。問題を担当するチームを増やすことで、認知負荷が分担されると思い込んでいるのだ。しかし実際には、ブルックスの法則で説明されているのに似たコミュニケーションとインタラクションの制約に悩まされる。

認知負荷容量を超える責任を課すことでチームにストレスを与えると、チームはハイパフォーマンスなユニットとして働くことができなくなり、ただの個人の集まりのようにふるまい始める。チームの関心事について考慮することなく、個人のタスクを達成しようとし始める。チームの認知負荷を制限するとは、チームが扱うサブシステムや作業範囲を制約することである。これは、ドリスケルらによる研究論文で示している戦術である。有効なチームワークが欠かせない状況なら、サブタスクを委譲するなどしてタスクの認知負荷を下げるように構成する必要がある。そうすれば、必要不可欠なタスクやチームワークに注意を払えるようになる[54]。同時に、チームには、さしあたって対処しなければいけない課題内在性負荷と課題外在性負荷を継続的に下げていくための余力が必要だ。そのために、研修、実践、自動化などの有用な手法を活用していく。

● 相対ドメイン複雑度を用いて認知負荷を計測する

すばやく簡単にチームの認知負荷を知るには、中立の立場からチームに「チームは、頼まれた仕事に対して、効果的でタイムリーな対応ができていると思うか？」と尋ねてみるとよい。

正確な測定とは言い難いが、チームが負荷に圧倒されているかどうかを回答から予測できる。明確にネガティブな回答があった場合は、認知負荷が高すぎることを経験的に理解できるだろう。そのような場合、効果的で

積極的なチームに戻すため、組織は認知負荷を減らすのに必要な対処をしなければいけない。そうすることで、チームのメンバーが仕事の価値や目的を理解しやすくなり、モチベーションが向上することも多い。

ソフトウェアの認知負荷をコード行数、モジュール数、クラス数、メソッド数などの単純な値で測ろうとしてもうまくいかない。グレイリン・ジェイらの2009年の発表によると、プログラミング言語の冗長性は言語ごとに異なる（マイクロサービスの出現により、複数の言語で構築されるシステムがより一般的になってきている）。さらに、チームはコードの抽象化と再利用も進めているので、コードの行数が少ないからといって、必ずしもシンプルとは言えなくなっている[55]。

認知負荷を計測しようとするとき、私たちはドメインの複雑度に特に注意を払う。ソフトウェアで解こうとしている問題がどれだけ複雑かということだ。ソフトウェアのサイズ自体よりも、ドメインというコンセプトは適用範囲が広い。たとえば、継続的デリバリーをサポートするためのツールチェーンを実行し、進化させるには、ある程度のツールの統合とテストが必要だろう。ある程度は自動化のためのコードも必要になるだろうが、顧客向けのアプリケーションの構築と比べればはるかに少なくて済む。ドメインによって、さまざまな範囲に共通の経験則を使えるようになる。

認知負荷を計算する公式はなくても、チームの責任範囲となるドメインについて、組織内での相対的な複雑度を表す数字は見つけることができる。Chapter 1で説明したOutSystemsのエンジニアリング・プロダクティビティチームは、異なるドメイン（ビルド、継続的インテグレーション、継続的デリバリー、テスト自動化、インフラストラクチャー自動化）に責任を負うことで、認知過負荷になっていることを認識した。チームは多くのプロダクトエリアから同時にやってくる大量の仕事にいつも追われており、コンテキストスイッチがまん延していた。チームは、一般的なドメイン知識が足りないことに気づいてはいたが、知識の獲得に使える時間はなかった。実際、チームのほとんどの認知負荷は、課題外在性負荷であり、付加価値を生み出せる課題内在性負荷や学習関連負荷に使える容量は

ほとんど残っていなかった。

　チームは、チームをマイクロチームに分割し、それぞれのマイクロチームが単一のドメインやプロダクトエリアを扱うようにするという大胆な決定をした。IDEプロダクティビティ、プラットフォーム・サーバープロダクティビティ、そしてインフラストラクチャー自動化だ。プロダクティビティマイクロチームのうち2つ（IDEとプラットフォーム・サーバー）は、プロダクトエリアに沿った形になり、プロダクトチームと一緒の場所で働くようになった。以前の単一チームモデルではドメインをまたがる変更は頻繁には行えなかったので、ルールに従うよりも例外対応に最適化していた。新しい構造では、ドメインをまたがる問題に取り組むため、ソリューションを探索できるまでの間、必要に応じて一時的なマイクロチームを作成するなどしてチームは密接にコラボレーションしたが、それを永続的なチーム構造にすることはなかった。

　ほんの数か月で、想定を大きく上回る結果が得られた。それぞれのマイクロチームは、単一のドメインをマスターすることに集中できるようになり、また、チームリード役をなくして、チームで判断するようになったためモチベーションが向上した。それぞれのチームのミッションは明確で、目標の寄せ集めではなく、単一の共有目標を目指すようになったため、コンテキストスイッチやチーム間のコミュニケーションは少なく済むようになった。全体的に、仕事のフローと、プロダクトチームに提供するソリューションの適合性という観点での作業品質は大きく向上した。

● チームが扱うドメインの種類を制限する

　「チームにとって適切なドメインの数、種類は？」という問いに対する決定的な答えはない。ドメインは固定されたものではなく、チームの認知容量も変わっていく。ただ相対的ドメイン複雑度を用いて推測すれば、チームの責任の境界を決定するのに役立つ。ドメインの複雑度に対して疑問がある場合は、責任を担うチームがどのように感じているかという点を常に優先しよう。ドメインの複雑度を軽視して、「継続的デリバリーの

ツールはたくさんあるから簡単だろう」のような発言をして、チームに多くのドメインを押し込めようとしても失敗するだけだ。

まず、各チームが取り扱う明確なドメインを特定し、ドメインをシンプル（ほとんどの仕事は、明確な作業手順がある）、煩雑（変更の分析が必要で、適切なソリューションの提供には数回の繰り返しが必要）、複雑（ソリューションの提供には、多くの実験、探索が必要）に分類しよう。チーム間でドメインを比較することで、分類を調整する必要があるだろう。ドメインAのスタックはドメインBのスタックと比較してどうだろうか？ 複雑度は同じくらいだろうか？ それともどちらかが明らかに複雑だろうか？ 現状のドメイン分類に、その差は反映されているだろうか？

第1の経験則は、それぞれのドメインを単一のチームに割り当てることだ。ドメインが1チームに対して大きすぎたら、チームの責任範囲をドメインのなかで分割するのではなく、ドメインをサブドメインに分割し、サブドメインごとにチームを割り当てられないか検討しよう（大規模ドメインの分割については、Chapter 6を参照）。

第2の経験則は、7人から9人という黄金則に則った単一のチームが、シンプルなドメインを2つか3つ扱うことだ。そのようなドメインは、極めて手続き的なことが多く、機械的に反応できるため、ドメイン間のコンテキストスイッチのコストも容認しやすい。小さく簡単な変更がときどきあるだけの古いソフトウェアシステムなどは、このコンテキストでシンプルなドメインと考えられるだろう。しかし、仕事がルーティン化することで、チームメンバーのモチベーションが下がるリスクもある。

第3の経験則は、複雑なドメインを割り当てられたチームには、それ以外のドメインをたとえシンプルなものであっても割り当てるべきではないということだ。これは仕事のフローを妨害するコストの高さ（複雑な問題解決には時間と集中が必要）と、優先順位付け（シンプルで予測可能な問題はすぐ対応することが多く、結果としてビジネスにとっていちばん重要な複雑な問題に取り組むのが遅れる）のためである。

最後の経験則は、チームに2つの煩雑なドメインを割り当てるのを避け

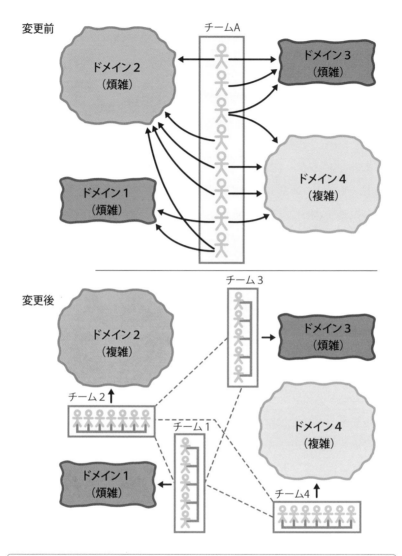

図3.2　1チームに複数の煩雑もしくは複雑ドメインを割り当てない

変更前：大きな1チームが4つのドメイン（煩雑×2、複雑×2）を広く浅く扱っていて、なかなかうまくいかない。コンテキストスイッチが頻繁に発生し、個人レベルの取り組みも浅く、チーム内の士気は低下している。

変更後：複数の小さなチームに分割し、それぞれのチームが単一のドメインに取り組んでいる。モチベーションは向上し、チームはより速く、より予測可能な形でデリバリーできるようになった。チーム間に低帯域幅のコラボレーションが存在し、ときどき発生する複数のドメインに関連する問題の解決に使われる。

るということだ。8人か9人のメンバーがいる大きめのチームなら問題な
いように見えるかもしれない。だが実際は、チームは、それぞれが別々の
ドメインを担当する2つのサブチームに分割されたようにふるまうように
なる。それでも、チームメンバー全員が両方のドメインに関する知識を求
められるので、認知負荷が上がり、調整のコストも上がる。追加のチーム
メンバーを1人か2人採用して、チームを5人ずつ2チームに分割したほ
うが、それぞれのチームが集中し自律できるようになる（図3.2）。

　例によって、これはあくまで推奨であって、成功するための確固たる方
法などではない。あなたの組織が進化し学習するための開始点として、こ
れらのガイドラインを利用してほしい。ドメインの割り当てがうまくいっ
ているように見えても、実際に働くチームが圧倒されていると感じている
ようであれば、ストレスがたまり士気は低下し、良くない結果につなが
る。決して忘れないでほしい。

● ソフトウェアの境界のサイズをチームの認知負荷に合わせる

　ソフトウェアデリバリーチームがソフトウェアシステムの一部にオー
ナーシップを持って効果的に進化させていくためには、チームファースト
アプローチを使い、ソフトウェアのサブシステムを適切なサイズに設定
し、適切な境界を設定しなければいけない。抽象的にシステムを設計する
のではなく、デリバリーチームの認知負荷に沿った形で、システムとソフ
トウェアの境界を設計する必要がある。

　モノリシックアーキテクチャーかマイクロサービスアーキテクチャーを
選ぶのではなく、ソフトウェアをチームの認知負荷の制限に合った形に設
計するのだ。そうすることで初めて、持続可能で安全かつすばやいソフト
ウェアデリバリーが実現できる。ソフトウェアの境界に対してチーム
ファーストアプローチを適用する場合、特定のソフトウェアアーキテク
チャー、たとえば小さな独立したサービスなどが好んで用いられるように
なる。ソフトウェア境界に対するチームファーストアプローチの適用を図
示したものが、図3.3になる。

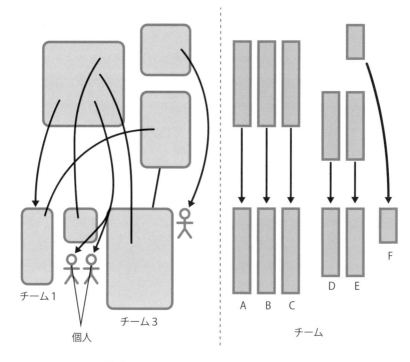

チーム1

個人

チーム3

A B C

D E

F

チーム

一般的な
ソフトウェアサブシステムの境界

チームファーストの
ソフトウェアサブシステムの境界

図 3.3　一般的なソフトウェアサブシステムの境界とチームファーストのソフトウェアサブシステムの境界

　左側は、一般的なソフトウェアサブシステムの境界である。システムやプロダクトのパーツが、複数チーム、単一チーム、個人に割り当てられている。右側は、チームトポロジーのチームファーストアプローチをソフトウェアサブシステムに適用した場合である。システムのすべてのパーツは、チームのサイズに合った形に分割され、必ず単一のチームがオーナーシップを持っている。

　チームが担当するソフトウェアサブシステムやドメインのサイズを拡大したい場合は、チームの認知容量を最大化できるように課題内在性負荷お

および課題外在性負荷を削減し、チームが働くエコシステムを調整する。

- チームファーストな作業環境（物理環境、仮想環境）を用意する。詳細はあとで説明する
- 会議やメールを削減したり、問い合わせ担当のチームや担当者を用意したりするなどして、作業中に気が散ることを減らす
- やり方を指示するのではなく、ゴールとアウトカムを伝えるようなマネジメントスタイルに変更する。マクリスタルが『チーム・オブ・チームズ』で書いたように「見守りつつも手は出さない」[56]
- 良いドキュメント、一貫性の確保、良いUXなどのデベロッパーエクスペリエンス（DevEx）プラクティスを利用し、チームが開発したコードやAPIを利用する他のチームのDevEx品質を改善する
- チームが利用するプラットフォームは明示的に認知負荷を減らすように設計されたものを使う

同じようなやり方でチームとチームメンバーの外部的な心理的オーバーヘッドを積極的に減らすことで、組織は、チームの認知負荷を下げ、認知容量をソフトウェアシステムのより挑戦的な部分に使えるようにできる。逆に、チームファーストなオフィススペースがなく、良いマネジメントプラクティスも使われておらず、特にチームファーストなプラットフォームがない場合、チームが担当できるソフトウェアサブシステムのサイズは小さくなる。小さな部分が増えていくと、より多くのチームが必要になり、コストもかさむ。認知負荷を設計してソフトウェアのサブシステムを分割するチームファーストアプローチは、チームを幸せにしつつ、結果的にコストを下げることにつながる。

2017年、IKEAのソリューションチームリードだったアルバート・ベルティルソンとウェブ開発者のグスタフ・ニルソン・コッテは、担当のモバイルチームの認知負荷が継続的に上がり続けていると感じていた。前の年に複数のマーケット向けに複数のプロジェクトを短い期間で成功させてか

ら、チームのサイズは大きくなり続けていたとのことだった。

このハイパフォーマンスなチームは、担当するソフトウェアプロダクトが増え続け、次から次へと新たな責任が肩にのしかかってくるようになった。あるとき、とある仕事のせいで、他のリリースができないという問題に直面した。チームは1つのコードベースのなかに2つのプロダクトを持っていた。ベルティルソンとコッテは、コンウェイの法則に従ってそれを2つに分割する必要があることを説明した。チームからは反対されたがなんとか納得してもらった。この例でおもしろいのは、このハイパフォーマンスなチームは、内発的動機づけのすべて（自律、熟達、目的）を備えていたということだ。それでも、認知負荷の辛さを感じることになった。

ソフトウェア境界にチームファーストアプローチを採用するさらなるメリットは、チームが担当するソフトウェアの共有メンタルモデルを作りやすくなることだ。チームのメンタルモデルがよく似ていることは、チームのパフォーマンス、失敗の少なさ、一貫性のあるコード、アウトカムのすばやいデリバリーなどの良い予測指標となるという研究もある[57]。チームに対して最適化すればするほど、メリットが増えていくのだ。

 TIP

「他人の認知負荷を最小にする」は、良いソフトウェア開発で最もよく使われる経験則の1つだ。

「チームAPI」を設計して、チームインタラクションを促す

チームをデリバリーの基本的な手段として扱うことにしたので、ここでチームの周辺の設計についても見ていこう。この節では、チームAPI、明瞭なチームインタラクションといったコンセプトについて見ていく。これらは、一貫性を持ち、動的で明確なチーム間コミュニケーションのネットワークを作る手段だ。

●「チームAPI」をコード、ドキュメント、ユーザーエクスペリエンスを含めて定義する

　安定して長続きするチームが、ソフトウェアシステムの特定の部分のオーナーシップを持つことで、安定したチームAPIを構築できる。チームの周りを囲むAPIだ。API（アプリケーションプログラミングインターフェイス）とは、プログラムがソフトウェアとやりとりするための方法を記述した仕様のことだ。ここで私たちはチームとのやりとりにAPIのアイデアを拡張することにした。チームAPIには、以下が含まれる。

- コード：チームが作成しているランタイムのエンドポイント、ライブラリ、クライアント、UIなど
- バージョン管理：チームがコードやサービスの変更についてどうコミュニケーションするか（例：セマンティックバージョニングを「チームの約束」として扱い、壊さないようにする）
- Wikiとドキュメンテーション：特にチームがオーナーシップを持つソフトウェアについてのハウツーについて
- プラクティスと原則：チームが好む働き方について
- コミュニケーション：リモートコミュニケーションについてのチームのアプローチ。チャットツール、ビデオ会議ツールなど
- 仕事に関する情報：チームが現在取り組んでいること、次にリリースされるもの、中長期の全体の優先度など
- その他：他のチームがこのチームとやりとりするために必要なことは何でも

　チームAPIは、他のチームからのユーザビリティについて明確に検討しておく必要がある。他のチームが、自分たちと働くのは明確で簡単か？ それとも難しくて混乱するだろうか？　新しいチームが参加したとき、私たちのコードと仕事のやり方にすぐ慣れることができるか？　他のチームからのプルリクエストや指摘事項にはどう対応するのがよいだろうか？

自分たちのチームのバックログとプロダクトロードマップは、他のチームから簡単に見ることができるだろうか？　わかりやすいだろうか？

　ソフトウェアのチームファーストオーナーシップを有効にするには、チームは継続的にチームのAPIを定義して公開し、テストして進化させ、APIのユーザーの目的に合っているようにしなければいけない。APIのユーザーは他のチームだ。ハイジ・ヘルファンド著の『Dynamic Reteaming』で、エンタープライズPaaSプロバイダー大手Pivotal Cloud Foundry（PCF）のプログラムマネジメントディレクターであるエヴァン・ウィレイは、PCFの50を超えるチームについて、以下のように語っている。

> チーム間の関心事を可能な限り、契約ベース、APIベースで分離した状態にしようとしました。チーム間でコードベースの共有はしないようにしたのです。特定のチームが担当するフィーチャーのgitコードリポジトリはそのチームがオーナーシップを持ち、他のチームがコードの追加や変更をしたい場合は、プルリクエストを送るか、チーム間でのペアワークで行う必要があります。ペアワークの場合は、ペアの片方はそのコードを利用するチームから、もう片方はフィーチャーを担当するチームから出るようにします [58]。

　クラウドベンダーのAmazon Web Services（AWS）では、もっと厳格なチームAPIアプローチを採用している。CEOのジェフ・ベゾスは、ほとんど狂気に近いレベルでチームの分割を主張していた。たとえば、AWSのチームは、「すべての他のチームは潜在的にサービス拒否（DoS）の攻撃者となる可能性があるため、サービスレベル、クオータ、スロットリングの設定が必要である」と想定しなければいけない [59]。

　良いチームAPIを作り上げるふるまいやパターンは、一般的に良いプラットフォーム、良いチームインタラクションの実現に役立つ（良いプラットフォームについてはChapter 5、約束理論、社会技術システムにおけるチームベースのコラボレーションアプローチについてはChapter 7を参照）。

● 信頼、認知、学習のためにチームインタラクションを促進する

　重要なのは、異なるチームから似たようなスキルや専門知識を持った人が集まり、お互いから学んだり、プロとしての技能を身に付けたりできるように、時間、場所、お金を提供することだ。

　チームや人がお互いにコミュニケーションしながら学ぶための時間と場所を明示的に確保しておくことで、組織では、効果的なチームインタラクションを促す学習と信頼構築のリズムが作れるようになる。チームが信頼関係を築き新しいことを学ぶのを助けるには、2つのことが必須になる。

1. 意識して設計された物理環境および仮想環境
2. ギルド活動のためにデスクから離れる時間。コミュニティオブプラクティス（自主的に定期的に集まって興味のあるドメインについて一緒に学んだり、内部の技術カンファレンスを開いたりして、知識を共有するグループ）

　ここでのチームインタラクションは、担当するソフトウェアシステムの日々の開発や運用に関係ないものだ。そのため、コンウェイの法則の影響は受けにくく、チーム間のより自由な交流が発生しやすい。重要なのは、このような場でチームインタラクションを練習していたチームは、実際のソフトウェアシステムの開発運用においてもうまくいきやすいということだ。これはロバート・アクセルロッドとマーク・バージェスによる画期的な研究の成果だ[60]。

● チームインタラクションを助けるために物理的、仮想的な環境を明示的に設計する

　物理環境と仮想環境を意識して設計することが、チームが学習し信頼を構築するのに必要だ。だが、生産的に働ける環境は状況や人によって異なる。複雑なアルゴリズムの実装とテストのようなタスクは完全に集中しなければいけないため、静かな環境が必要だ。ユーザーストーリーと受け入

れ基準を定義するといった、コラボレーションが非常に多い環境を必要とするタスクもある。1日中ヘッドフォンをつけて仕事をしている人は社会的でないとみなされ、彼らのふるまいはインタラクションとコラボレーションを促すこともない。だが、その人たちが生産的に働くには、オフィス環境がうるさすぎるためかもしれないのだ。

　個人用に区切られたパーティションも、完全なオープン席も、チームには適切ではない。もっと良い環境が必要だ。チームは頻繁にコラボレーションする必要がある。チーム内だけではなく、ときには他のチームと一緒に働く必要がある。オープンレイアウトだけ（チーム専用エリアはない）でも、個人ワークスペースだけ（コラボレーションするには事前に会議室を予約する必要があるが、会議室は空いていないことも多い）でも、このバランスは達成しづらい。Spotifyは、成長の初期段階でこの課題に気づき、両方のニーズを満たせるようにオフィスを準備した[61]。2012年に、当時働いていたヘンリック・クニベルグとアンダース・イヴァルソンは、「トライブのなかのスクワッドは全部同じオフィスの隣同士にいて、近くにあるラウンジエリアのおかげでスクワッド間の共同作業がやりやすかった」と話している[62]。

　効果的なソフトウェアデリバリーのため、オフィススペースは、集中する個人作業、チーム間のコラボレーション、チーム内のコラボレーションのすべてをサポートする必要がある。

　どのような種類の仕事をしているかがワークスペースから明確にわかれば、不要な割り込みや、気が散ることを減らすこともできる。

CDLにおけるチームにフォーカスしたオフィススペース

マイケル・ランバート、開発本部長、CDL
アンディ・ルビオ、開発チームリーダー、CDL

CDLはイギリスに本社を置く、非常に競争の激しい保険代理店業における
マーケットリーダーだ。

CHAPTER THREE

　CDLのアジャイルの旅では、いろいろなことを進化させてきた。
チームの作業環境をどのように作り上げたらよいかというのは多くの
人が興味のある話題だろう。アジャイルを始めたときから、アジャイ
ルチームは同じオフィスで働けるようにしていた。新しいオフィスに
移って、チームが急激に増えたので、開発プロジェクトチームの多く
を旧本社に戻した。そこには小さなプロジェクトルームが複数あり、
個々の開発チームがそこをホームにできたからだ。場所とチームの
オーナーシップには満足していたが、チーム間のコミュニケーション
の可視性には課題があった。そこで、新しいホーム「コードワーク
ス」を作るときに、開発エリアをどうすべきか時間をかけてじっくり
考えた。

　何でも見える化するため、マグネットの使える大量のホワイトボー
ドは必須だ。旧本社のチームスペースは気に入っていたものの、チー
ムは隔離されすぎていた。スペースの物理的な制約は常について回
る。だが、チームを小さなパーティションに押し込めたり、コの字型
に配置されたデスクに詰め込んだりすると、チームのスペースが足り
なくなる。チームがセレモニーを実施するための会議室不足が大問題
になるのだ。理想的には、チームが仕事をするためのスペースと、複
数チームがコラボレーションし共有するオープンさの両方が欲しかっ
た。

　私たちが思いついたのは、「ベンチベイ」というやり方だった。
チームごとに長いベンチを1つ割り当て、ベンチの間はホワイトボー

ドのパーティションで区切る。壁の横にあたったチームには、壁を
Smarter Surfacesペイントで塗って、壁をホワイトボードとして使え
るようにした（図3.4）。

　チームのサイズと成長も、設計を決める重要な要因だった。小さい
チームもあれば、早く成長させなければいけないチームもある。ベン
チベイでチームの成長をサポートするのは簡単だ。ベンチと椅子の脚
が人の移動の邪魔にならないものを選べれば、なおよい。小さなチー
ムはベンチを広く使えばよいし、大きなチームはベンチに詰めて入る
こともできる。チームが大きくなりすぎたら、小さなチーム2つに分
割する。バックログも機能単位で半分に分割する。このやり方で素晴
らしいのは、それぞれのチームが古いチームの文化を引き継ぎながら
も、チームごとにだんだん多様化して成長していくことだ。運が良け
れば、チームの「混乱期」、「統一期」をスキップできることもある。
それぞれのベイは意図的に違うサイズになっており、テーブルを1つ
か2つ追加できるようにしていた。

　最初は、ホワイトボードのパーティションの真ん中で対称になるよ
うにベンチを置いていた。だがすぐに、どちらかのホワイトボード側
にベンチを寄せた非対称なレイアウトのほうがうまくいくことに気づ
いた。チームが集まるより大きなスペースが用意でき、しかも反対
側のホワイトボードも効果的に使えるようになった。

　このとき学んだことを新しいデジタルチーム向けにオフィスの最上
階を設計するときにも活用した。当初のパーティションは重たく、高
価で、費用を払わないと移動できないものだった。新しいデジタル
チームのホームには、大きくても移動が可能でしかも頑丈なホワイト
ボードをたくさん用意した。チームは自分のやり方に合わせて、レイ
アウトを変えられるようになったのだ。

　もちろんこの設計も完璧からはほど遠い。すべてのスペースはある
意味妥協の産物だ。失敗したことも多かったが、学びながら適応し続
けてきた。チームベンチの真ん中にあった小さなガラスのパーティ

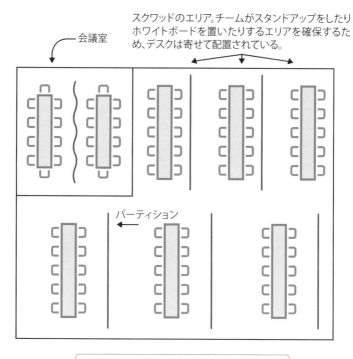

スクワッドのエリア。チームがスタンドアップをしたりホワイトボードを置いたりするエリアを確保するため、デスクは寄せて配置されている。

会議室

パーティション

図3.4　CDL のオフィスレイアウト

ションを取り外してみたのも、そんな実験の1つだ。ベンチの両端に高さを変えられるセクションを追加する実験もした。スタンドアップで使ったり、足のスペースが必要なメンバーが使ったりするためだ。

　CDLのケーススタディからもわかるとおり、物理的な作業環境は、チームが有用なインタラクションを行う能力に大きな影響を与える。成功している組織は、良い物理的な作業環境をスタッフに提供するために時間もお金も使っている。

　たとえば、オランダのING銀行では、2015年に行った組織変更の一貫として、チームをバリューストリームに沿って配置できるようオフィスを再設計した[63]。INGでは、ストリームに沿って似たプロダクトやサービスで働くスクワッドが集まって、トライブを形成していた。トライブは、

オフィスで独立したオフィススペースを持っており、それぞれのスクワッドが利用するさまざまなサイズのチーム向けスペースが含まれていた。この考え抜かれたオフィス設計によって、他のスクワッドやトライブのメンバーが、他のチームの作業のいろいろな側面（カンバンボード、WIP制限、状況ラジエーターなど）を簡単に理解できるようになっており、新しいやり方をすばやく学べるようになっていた。この考えをさらに進めて、オフィススペースをビジネスストリームごとに独立させ、ストリーム内のフロー速度とコラボレーションを改善しようとした組織もある。

Red Hat Open Innovation Labsのジェレミー・ブラウンは、オフィス家具や植物など全部に車輪をつけて、仕事の種類に応じて、もしくはチームが新しいやり方を生み出して進化するために、頻繁に物理スペースを再構成できるようにしていると語っている[64]。2012年出版の書籍『Make Space』（CCCメディアハウス、2012年）で、スコット・ドーリーとスコット・ウィットホフトは、創造性と有用なチームインタラクションを刺激するための多くのクリエイティブなアイデアを発表している[65]。

CASE STUDY

コラボレーションとフローを実現するAutoTrader社のストリームアラインドなオフィス

デイブ・ホワイト、運用エンジニアリングリード、Auto Trader
アンディ・ハンフリー、顧客オペレーション部門長、Auto Trader

私たちは2013年から、国内に多数のオフィスを構える紙ベースの会社から、100%デジタルな会社への移行を開始した。目指していたのは、コラボレーションの改善と、ワークフローの最適化だった。15箇所にあったオフィスを3つに再編し、本社をイギリスのマンチェスターに置いた。たった2フロアの本社だった。仕事環境は可能な限りオープンにした。シニアマネジャーも全員チームと一緒に座り、個室のオフィスは一切設置しなかった。人同士のコミュニケー

ションはすごく楽になり、ついには「ビジネス」とITの橋渡しがで
き始めた。

　新しいオフィスはコラボレーションのために作られている。デスク
にディスプレイを置けるだけ置くのはやめた。ディスプレイの陰に人
が隠れるのを避けるためだ。過去数年間、チームの適切なコミュニ
ケーションとフローを促すため、オフィスと席のレイアウトを何種類
か実験した。

- テクニカルチームとノンテクニカルチームをオフィスの同じ階、
  同じエリアに配置するようにした。同じゴールと顧客を共有する
  ことで、部門間の壁を壊すのに役立った。セールス部門、プロダ
  クト部門、サービス部門に与えられる設備は同じになり、ツール
  を共有して同じやり方で働きやすくなった。セールス部門もサー
  ビス部門もノートPCを使うように変わった。MacBookを使える
  のは開発部のロックスターだけではなくなった
- クリアデスクポリシー：個人の持ち物用のロッカーを用意して、
  オフィス内で仕事で必要な場所に移動することを促した。毎日同
  じチームの同じデスクに座る必要はなく、その日に必要な場所に
  座って働けるようになった
- 技術的な制限：デスクには1台のモニターしか置けないようにし
  た。デスクの反対側の人の顔が見えるようになり、より自由にイ
  ンタラクションできるようになった。テクニカルスタッフは、
  2、3台のモニターを普通に使っていたため、この施策は不評
  だった。だが、より協働的になるというゴールを達成し、デジタ
  ルな組織になるには、実際には技術を制約する必要があったとい
  うおもしろい例だ。デスクは脚が張り出していないものを選び、
  ベンチ効果が出るようにした。人が隣同士で座っても自分の足が
  邪魔にならないので、ペアワークしやすくなった
- 書ける壁：インフォーマルで創造的な会話を促すため、壁にホワ

イトボードマーカーで書けるようにした。廊下にいても、車の横にいても、会話の端から壁に書けるようになった。ほとんどの会議室はガラスで作られていて、誰がいるか見えるようになっていて、参加する必要があるかを判断できるようになった。他にもインフォーマルな会話の場所を用意した。ソファやソフトチェアなどだ。会議室をわざわざ予約しなくても、同僚と簡単に話ができるようになった

- イベントスペース：すべてのビルにイベントスペースを設置した。会社としての会合を開いたり、ローカルコミュニティを招いてイベントやミートアップを開催したりできるようにした。そうすることで、組織の外の人にも、私たちが何をやっているかを知ってもらえるようになった

これで、同じビジネス部門の人は、全員一緒に座れるようになった。たとえば、個人による車の販売などを扱う個人広告は私たちのビジネス部門の1つだ。個人広告に関わるメンバーは全員同じフロアにいる。マーケティング、セールス、開発者、テスター、プロダクトマネージャーなど全員だ。同じビジネスストリームにいる全員が、一緒に「痛みを感じる」のだ。より多くのオーナーシップを持ってすべての判断が下されるようになる。一緒に座っていると、他の人の視点でものごとを見れるようになることに私たちは気がついたのだ。

私たちのオフィスレイアウトは意図的に特定のコラボレーションとフローを助けるように設計されている。チームのモデルはゆるくSpotifyに基づいている。だいたい8人からなるスクワッドがシステムの特定の部品を開発し、スクワッドの集合をトライブと呼ぶ。それぞれのスクワッドは自分のチームエリアを持っていて、同じトライブのスクワッドのチームエリアの近くにある。同じトライブのスクワッドとは簡単に会話でき、システムの似た部品についてコラボレーションできるようになっている。他のトライブとは壁やフロアで物理的に

区切られている。

　このレイアウトのおかげで、チームは自分のビジネスストリームのエリアに集中できるようになった。日々の仕事をこなすために、他のビジネスエリアのチームと話す必要性も最小化された。定期的にギルドの学習セッションやイブニングミートアップを開催することで、トライブ間の学習も促すようにしている。

　リモートファーストのポリシーを持つ組織も増え、仮想環境はますます重要になってきている。仮想環境は、Wiki、社内ブログ、外部向けのブログ、組織のウェブサイト、チャットツール、作業追跡システムなどからなるデジタルスペースのことだ。効果的にリモートワークを実施するには、ツールがそろっているだけでは十分でない。働く時間、応答までの時間、ビデオ会議、コミュニケーションのトーンなどの現実的な面でのチームの合意が必要だ。ここを軽視すると、ツールはそろっていたとしても、リモートチームを壊すことにもなる。2013年の書籍『強いチームはオフィスを捨てる』（早川書房、2014年）で、ジェイソン・フリードとデイヴィッド・ハイネマイヤー・ハンソンは、リモートチームで重要とされるそのような課題を含むいろいろな側面について議論している[66]。

　効率的なコミュニケーションという面で見れば、仮想環境は、使いやすくて、すばやく正しい答えを見つけられるようになっていなければいけない。特に、チャットツールのチャネル名は接頭辞でグループ化し、内容が簡単に予測できる名前になっていなければいけない。

#deploy-pre-production	#support-logging
...	#support-onboarding
#practices-engineering	...
#practices-testing	#team-vesuvius
...	#team-kilimanjaro
#support-environments	#team-krakatoa

仮想環境では、ユーザーの名前付けを工夫して、どのチームの誰である
かをわかりやすくしたほうがよい。これは、特に中心的なX-as-a-Service
チームに当てはまる（詳細はChapter 5を参照）。Wikiやチャットツール
のユーザー名を単に「Jai Kale」という名前にするのではなく、
「[Platform] Jai Kale」にしておけば、プラットフォームチーム所属の
「Jai Kale」であることがすぐわかるようになる。

警告 エンジニアリングプラクティスが基礎である

　技術チームは、実績のある継続的デリバリーやテストファースト開発の
ようなプラクティスに日々投資し、ソフトウェアの運用性とリリース可能
性に集中しなければいけない。いくらチームファーストアプローチに投資
したとしても、それらの技術がなければ、目標の達成は難しく大きな成果
は得られなくなる。

　継続的デリバリーのプラクティスは仮説駆動の開発をサポートし、自動
化や運用のプラクティスは、運用課題の早期かつ継続的な探索やチェック
につながる。テスト容易性のプラクティスとテストファースト開発は、ソ
リューションの合目的性と設計品質を高め、信頼性プラクティスは、デリ
バリーパイプライン自体が重要なプロダクトとして扱われることを保証す
る。すべてのプラクティスが、速いフローには必須であり、すべてのエン
ジニアリングチームの継続した努力を必要とするのだ。

まとめ チームの認知負荷を制限し、チームインタラクションを促進することで、速く進めるようになる

　変化が激しくチャレンジングな状況では、個人の集まりよりもチームの
ほうがより効果的に働ける。米軍から大小さまざまな企業まで、成功して
いる組織は、チームを仕事をこなす基本的な単位とみなしている。チーム
は一般的に小さく、安定していて、長く維持されるものだ。それによっ

て、チームメンバーは、仕事のパターンとチームの力学を作り上げるために時間と場所を使えるようになる。

　重要なのは、チームのサイズには制限（ダンバー数）があり、単一のチームが取り扱える認知負荷には実質的な限界があることだ。このことから、単一のチームが扱うべきソフトウェアシステムとドメインの複雑度には制限があることが強く示唆される。チームは扱うシステムやサブシステムにオーナーシップを持つ必要がある。チームが複数のコードベースを扱うとオーナーシップを失うだけでなく、システムを理解し健全に保つための心理的な余裕も失ってしまう。

　チームファーストアプローチは、組織のなかのいろいろなタイプの人が働ける機会を提供できる。人を没個性化させようとする組織で必要だった図太さや忍耐強さは不要になる。チームファーストの組織では、チームのコンテキストのなかでスキルやプラクティスを磨く場所とサポートが提供される。

　重要なのは、日々の仕事におけるチーム間のコミュニケーションを個人間のコミュニケーションより重視することで、さまざまなコミュニケーションのスタイルを組織でサポートできるようになるということだ。一対一のコミュニケーションが得意な人もいれば、大きなグループでの会話を好む人もいる。しかも、かつてはチームを破壊しかねなかったような個人のふるまいの影響も限定的にできる。この人間的なアプローチが、チームファーストを選ぶ大きなメリットだ。

PART II

フローを機能させる
チームトポロジー

Team Topologies That Work for Flow

KEY TAKEAWAYS 要点

Chapter 4

- その場しのぎや頻繁なチーム設計の変更はソフトウェアのデリバリーを遅くする
- 唯一絶対のトポロジーはないが、どの組織にとっても不適切なトポロジーはある
- どのトポロジーにするかを検討する際は、技術面や文化面での成熟度、組織の規模、技術面での規律といった観点が欠かせない
- 特に、フィーチャーチームやプロダクトチームのパターンは強力だが、それを支える環境がある場合のみ機能する
- チームの責任を分割することでサイロを壊し、他のチームの能力を高める

Chapter 5

- 4つの基本的なチームタイプによって、現代のソフトウェアチーム間のインタラクションは単純化できる
- 業界におけるよくあるチームを基本的なチームタイプにマッピングすることで、オーナーシップの不明瞭さや過負荷または低負荷なチームを取り除き、組織を成功に導ける
- 中心となるチームタイプは、ストリームアラインドチームだ。その他のチームタイプはすべてストリームアラインドチームを支援する
- その他のチームタイプとして、イネイブリングチーム、コンプリケイテッド・サブシステムチーム、プラットフォームチームがある
- トポロジーは大規模になると、しばしばフラクタル（自己相似）な形となる。すなわちチームから構成されるチームだ

Chapter 6

- チームファーストのアプローチを活用して、ソフトウェア境界を選択する
- ソフトウェアのデリバリーチェーンにおいて、隠れモノリスや結合に気をつける
- ビジネスドメインで境界づけられたコンテキストを踏まえたソフトウェア境界を利用する
- 必要に応じて別のソフトウェア境界を検討する

CHAPTER 4

静的なチームトポロジー

Static Team Topologies

> 技術的なノウハウや活動をもとにチームを編成するのではなく、ビジネス
> ドメイン領域をもとにチームを編成すること。
> ——ユッタ・エクスタイン著『Agility Across Time and Space』、「Feature
> Teams—Distributed and Dispersed」より

PARTⅠでは、コンウェイの法則によって、チーム構造やコミュニケーションパスが、最終的なプロダクト設計のシステムアーキテクチャーに影響を与えることを紹介した。また、効率的なソフトウェアのデリバリーには、速いフローを実現できる長続きする自律的なチームの上に成り立つチームファーストのアプローチが必要だということも強調した。PARTⅡでは、チームの認知的限界を考慮しつつフローを最大化するには、これらの2つのアイデアをどう組み合わせればよいかを見ていく。

　私たちはチームを意図的に設計する必要があり、チームの良し悪しが組織のサイズ、成熟度、ソフトウェアなどの多くの要素に影響を与えることを理解する必要がある。Chapter 4では、そこから説明する。現時点で、チームを立ち上げたり再編したりする一般的なやり方は、長期的な適応能力よりも目先の必要性に焦点を当てた場当たり的なものだ。

　できる限り効果的なチームにするには、ただ偶発的もしくは行きあたりばったりでチームを編成するのではなく、継続的にチームを設計する必要がある。このように継続的な設計によるチーム構造のことをチームトポロ

ジーと呼ぶ。これは、それぞれのチームの責任範囲を明確にしながら、組織内にチームを意図的に「配置」することを意味する。

　本章では、静的なチームトポロジーの例を見ていく。静的なチームトポロジーとは、ある時点の組織の特定のコンテキストにあったチーム構造とインタラクションのことである。ここでは、多くの組織にとってわかりやすい出発点となるDevOpsトポロジーのカタログを取り上げる。

　だがまずは、場当たり的なチーム設計がもたらすよくあるアンチパターンについて見ていこう。

チームのアンチパターン

　これまで見てきたように、ソフトウェアシステムの構築や運用のためにチームを編成する方法は、結果的にできあがるシステムの性質に大きな影響を与える。これは、コンウェイの法則に従っている。

　組織がチーム構造やインタラクションのパターンについてしっかり考えていないと、ソフトウェアシステムの構築や運用において予期せぬ困難に遭遇する。顧客との仕事のなかで、さまざまな規模の組織で、チーム編成に関する2つのアンチパターンが頻繁に繰り返されているのを見てきた。

　最初のアンチパターンは、場当たり的なチーム設計だ。これには、大きくなりすぎてコミュニケーションのオーバーヘッドのせいで壊れてしまったチーム、商用ソフトウェアやミドルウェアの面倒をまとめて見るために作られたチーム、データベースの扱いが雑で本番環境でソフトウェアがクラッシュしたあとに作られたデータベース管理チームなどが含まれる。もちろん、いずれの状況でも何らかの対応は必要だが、チーム間の相互関係という大きなコンテキストを考慮しないと、当然に思えるソリューションのせいでデリバリーが遅くなったり、チームの自律性が失われたりする可能性がある。

　もう1つのアンチパターンは、チームメンバーの入れ替えだ。これは、非常に不安定なチームをプロジェクトベースで作って、プロジェクトが終

わったらすぐに解散するというものだ。アプリケーションの「ハードニング」やメンテナンスのフェーズに1人か2人を残して、全員いなくなる。柔軟性が高く、納期に向けてすばやく進められると思うかもしれないが、新しいチームを立ち上げたり、頻繁にコンテキストスイッチしたりするコストを見落としている。もしくは、そのコストを無意識にプロジェクトの見積りに含めている。コンピューターはルームAに置こうがルームBに置こうが同じ動作をするが、チームAに配属されたエンジニアは、チームBに配属された場合とまったく違ったパフォーマンスになるかもしれないのだ。

　組織は以下の質問をすることで、意図的にチームを設計しなければいけない。自分たちのスキル、制約、文化とエンジニアリングの成熟度、望ましいソフトウェアアーキテクチャー、ビジネスゴールを踏まえると、すばやく安全に成果を出すにはどのチームタイプが役に立つか？　主な変更フローにおいて、チーム間の引き継ぎをなくしたり減らしたりするにはどうすればよいか？　システムを実行可能に維持しつつ速いフローを促進する上で、ソフトウェアシステムの境界をどこに設定すべきか？　チームはどうそれに合わせればよいか？

変更フローを考慮した設計

　大規模なソフトウェアシステムの構築、運用を行う組織は、コンセプトから動作するソフトウェアに至るまでの変更フローを重視した組織設計、すなわち「低摩擦」なソフトウェアデリバリーに目を向けている。さまざまな部署にまたがる職能型サイロ、アウトソーシングの多用、チーム間で繰り返される引き継ぎといった古い組織モデルでは、顧客やマーケットの状況に日々対応しサービスを継続的に進化させるのに必要となる速度を安全に実現することはできないし、組織的なフィードバックメカニズムは得られない。ナオミ・スタンフォードは「組織が思慮深く設計されているほど成功確率が高い」と指摘している[67]。

Spotifyは、ソフトウェアのデリバリーと運用の有効性を改善するために明確な組織設計を行っている良い例だ。詳細は、ヘンリック・クニベルグとアンダース・イヴァルソンが2012年に投稿したブログ記事「Scaling Agile @ Spotify（Spotifyのスケーリングアジャイル）」で説明されている[68]。この組織設計は「Spotifyモデル」として知られており、Spotifyの技術スタッフは小さく自律的な職能横断型のスクワッドに配置される。スクワッドは長期のミッションを持ち、5人から9人で構成される。似たような領域の仕事に取り組む複数のスクワッドは、トライブと呼ばれるグループにまとめられる。あるトライブのなかのスクワッドはそれぞれ、他のスクワッドの仕事にも精通していて、トライブ内部で仕事の調整を行う。

トライブ内で似たスキルや強みを持つエンジニアたちは同じチャプターに所属してプラクティスを共有する。たとえば、あるトライブ内の6つのスクワッドにいるテスターたちは、テスターのチャプターに所属するのだ。チャプターでもラインマネジメントが行われるが、ラインマネジャー（チャプターリード）の仕事は日々のスクワッドの仕事の一部であり、現場から離れたマネジャーではない。また、Spotifyでは、複数のトライブ、チャプター、スクワッドの人たちを含むコミュニティオブプラクティスである「ギルド」をたくさん形成している。「Scaling Agile @ Spotify」では、「チャプターやギルドは、会社を1つにまとめる接着剤のようなもので、自律性を大きく損なうことなく、スケールメリットをもたらすものだ」としている[69]。

多くの組織は、Spotifyのチーム形成の根底にある目的、文化、力学、軌跡を理解することなしにSpotifyモデルをまねするという失敗をしている。クニベルグとイヴァルソンはブログ記事のなかで、「私たちがモデルを発明したわけではない。他の素晴らしいアジャイル企業と同じようにSpotifyはすばやく進化している。この記事は現在の働き方のスナップショットにすぎず、旅の途中だ。旅は終わっていない」と明言している[70]。

組織がチームインタラクションの設計を検討するときは、人を静的に配置する以上のことを考慮するのが不可欠だ。

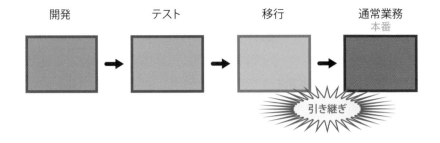

開発　　　　　テスト　　　　　移行　　　　　通常業務
　　　　　　　　　　　　　　　　　　　　　　　本番

引き継ぎ

図 4.1　変更フローに最適化されていない組織

組織における従来の変更フローは、フローの最適化ができておらず、複数のグループがさまざまな活動を行い、仕事を次のチームに受け渡していく。ソフトウェアを構築しているチームには、稼働中のシステムからなんの情報も戻ってこない。

● フローとセンシングを可能にするチーム間コミュニケーションの形成

　多くの組織には、ソフトウェアシステムを構築、運用するときのチーム間のインタラクションの方法に重大な欠陥がある。具体的には、そのような組織は、ソフトウェアのデリバリーを仕様から設計、設計からコーディング、コーディングからテストとリリース、リリースから通常業務（BAU）へと続く一方通行のプロセスだと思い込んでいる（図4.1）。

　図4.1に示すように、段階別に分担する職能型サイロのもとで直線的かつ段階的な変更を行うのは、現代のソフトウェアシステムの変化の速さや複雑度とまったく相容れない。ソフトウェア開発プロセスにおいて、本番環境でのソフトウェアの動きから学べることはほとんど、もしくはまったくないと考えるのは、根本的に間違っている。反対に、ソフトウェア開発チームが本番環境で動作しているソフトウェアに触れるような組織では、サイロ化した競合他社と比べて、ユーザーの目に見えるような問題や運用上の問題をよりすばやく見つけられる（図4.2）。

　『LeanとDevOpsの科学』のなかで、ニコール・フォースグレン、ジェズ・ハンブル、ジーン・キムは、世界中の数百の組織のソフトウェア開発プラクティスに関するデータを集めた。そして、それをもとに、「デリバ

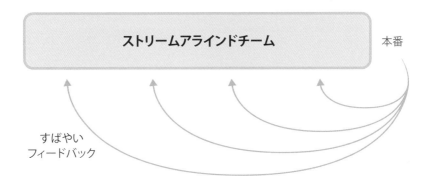

図 4.2　変更フローに最適化した組織

速いフローを目指して作られた組織は、作業をストリームアラインドチームに持たせることで
引き継ぎを避け、たくさんの運用情報がチームに戻ってくるようにする。

リ担当チームが職能上の枠に縛られず、同一のチーム内でシステムの設
計・開発・テスト・デプロイ・運用を行うのに必要なスキルをすべて兼ね
備えていなければならない」と結論づけた[71]。本番システムからの情報
のフィードバックに価値を置く組織は、ソフトウェアをすばやく改善でき
るだけでなく、顧客やユーザーへの対応力も高まるのだ。

　現場のスタッフやチームは、組織が扱うマーケットや環境に関するとて
も価値あるシグナルの情報源だと考えよう。そうすることで、優れた「セ
ンシング」能力が得られるようになる。

　このようなセンシング能力を組織の最前線にいるストリームアラインド
チームだけでなく、さまざまなチームが備えることで、プラットフォー
ム、サービス、インターフェイスの問題をすばやく発見し、早くその問題
に対処して、IT全体の有効性を高めるための戦略的能力を飛躍的に高め
ることができる。組織的センシングの詳細については、PARTⅢで詳しく
見ていく。

DevOps と DevOps トポロジー

　2009年頃はまだ、自分たちでソフトウェアを構築、テスト、運用する職能横断型チームだけがたどりつける組織的センシングの「境地」の存在に気づいていた組織はほとんどなかった。当時は、チーム設計とインタラクションにおける定番のアンチパターンがまん延していて、開発（Dev）チームと運用（Ops）チームの間で責任は完全に分離されていて、ソフトウェアのリリースは壁ごしに投げ込まれ、コミュニケーションはチケットを通じて行われていた。DevOpsの世界では、これは「混乱の壁」として知られるようになった。

　DevOpsムーブメントは2009年頃に始まった。これはDevとOpsの摩擦の高まりを受けたもので、アジャイルが主流になるにつれて、運用チームにデプロイ頻度を増やせという圧力が高まったことが背景だ。問題は、アジャイルを採用している組織の多くが、ソフトウェアデリバリーの速度と、リソースを提供したり変更をデプロイしたりする運用チームのキャパシティとのギャップに対して、明示的に対処しなかったことだ。チーム間の不整合がどんどん目立つようになり、雑な行動が増え、作業のフローに集中できなくなっていった。

　DevOpsの主な貢献は、デリバリーチェーンにおけるチーム間のインタラクション（またはインタラクションの欠如）が遅延、再作業、失敗、他のチームに対する理解と共感の欠如を引き起こしているという問題意識を高めたことにある。さらに、このような問題は、アプリケーション開発と運用チームの間だけで起こるものではなく、QA、情報セキュリティ、ネットワークなどソフトウェアデリバリーに携わる他のチームとのインタラクションでも発生することも明らかになった。

　多くの人はDevOpsのことを自動化やツールといった技術的な課題を根本的に解決するものだと考えている。だが、チーム間の根本的なズレに対処している組織だけが、DevOpsの導入による本来のメリットをすべて享

受できるのだ。

● DevOpsトポロジー

2013年にマシュー・スケルトンが作成し、その後マニュエル・パイスが拡張したDevOpsトポロジーカタログは、チーム設計とインタラクションに関するパターンとアンチパターンのオンラインコレクション4で、チームの責任範囲、インターフェイス、技術チーム間のコラボレーションについての会話を始めるのに役立つ[72]。DevOpsの成功パターンは、組織やプロダクトの規模、技術的な成熟度や共通のゴールなどのコンテキストによって大きく異なるというのが肝だ。

このトポロジーは企業におけるソフトウェアデリバリーチームの構成を検討するときに役立つ参考資料になる。だが、これは決して静的な構造ではなく、デリバリーするプロダクトの種類、技術リーダーシップ、運用経験といった複数の要因の影響を受けたある瞬間を描いたものだ。チームは時間とともに進化し変化するというのが暗黙の了解だ。

本章では、組織のコンテキストやニーズを踏まえてチーム構造を選ぶときの考え方を説明するために、DevOpsトポロジーカタログに含まれるパターンをいくつか紹介する。DevOpsトポロジーの詳細はオンラインで確認できるため、ここでは深入りはせず、DevOpsを適用する技術チームのチーム設計を簡単に紹介するのにとどめる。本書の残りの部分では、DevOpsに限らず、ビジネスチームと技術チームの幅広いコンテキストに焦点を当てるつもりだ。

DevOpsトポロジーには2つの重要な考えが反映されている。1つ目は、DevOpsを成功させるためのチームを構成するアプローチには、万能のものはないということ。あるトポロジーが合うかどうか、効果があるかどうかは、組織のコンテキストに依存するのだ。2つ目は、DevOpsの成功を妨げるアンチパターンとなるような、DevOpsの信条に反したり無視

4 訳注　https：//web.devopstopologies.com/

CHAPTER FOUR

したりするようなトポロジーもあること。つまり、組織にとって「正しい」トポロジーはないが、「悪い」トポロジーは複数あるのだ。

成功しているチームのパターン

不適切なトポロジーを選択したからといって、必ずしも望ましいアウトカムが得られないとは限らない。選んだトポロジーから結果が得られないのは、新しいチーム構造だけに注目して、周りのチームや構造のことを十分検討していないということもよくある。さまざまな種類のチームが成功するかどうかは、ひとえにチームメンバーの経験やスキル次第というわけではない。もっと重要なのは、周りの環境やチームやインタラクションだ。

● フィーチャーチームはエンジニアリングにおける高い成熟度と信頼を必要とする

フィーチャーチームを例に見ていこう。フィーチャーチームとは、職能横断型かつコンポーネント横断型のチームのことで、顧客向けの機能のアイデア検討から構築までを一貫して行い、顧客に提供し、理想的には使用状況やパフォーマンスを監視できるチームを指す。これはうまくいくパターンだろうか？ それともアンチパターンだろうか？ おわかりだろうが、状況次第だ。

職能横断型なフィーチャーチームは、コンポーネントを横断して顧客中心の機能をすばやくリリースすることで、組織に高い価値をもたらす。その速度は、複数のコンポーネントチームがそれぞれに変更を加えて1つのリリースにまとめるよりもかなり速い。だが、これができるのはフィーチャーチームが自給自足、つまり他のチームを待つことなく機能を本番にリリースできる場合に限る。

フィーチャーチームは通常複数のコードベースを触る必要があり、そのオーナーシップは他のコンポーネントチームにあることもある。チームの

エンジニアリングの成熟度が高くない場合、ユーザーの新しいワークフローのテストを自動化しなかったり、「ボーイスカウトルール」（自分が来たときよりコードをきれいにしてから帰る）に従わなかったりといった近道をしてしまう。これによって、時間とともに技術的負債が増えデリバリーの速度が落ちるにつれて、チーム間の信頼が壊れていく。

　また、チーム間の規律が保たれていないまま複数のチームが同じコードベースを扱うと、その悪影響が蓄積していき、共有コードに対するオーナーシップの欠如につながることもある。

　2015年頃、Ericsonは「Software Defined Networking」や「Network Functions Virtualization」などの新しい通信分野に対応するためのソフトウェアを構築、運用するアプローチとしてDevOpsに移行した[73]。この分野のチームは、本番環境用のソフトウェアの開発とサポートに責任を持つようになった。

　Ericsonの大規模プロジェクトのなかには、複数のサブシステムから構成されていて、複数の拠点にまたがる複数のチームで取り組む必要があるものもある。それぞれのチームは5人から9人のメンバーで構成され、1つのサブシステムが複数のチームによって開発される。それぞれのチームは自分たちが担当する機能をほぼ独立して開発、維持するのに必要なすべてのコアスキルやロールを含んでいなければいけない。ときには、いくつかのチームが集まって大きなフィーチャーチームになり、大きな機能を同時に開発することもある。

　サブシステム内の機能に取り組むチームにおいて、チーム間のコミュニケーションや依存関係は大幅に減った。だが一方で、必要なユーザーエクスペリエンス、性能、信頼性を満たした上で、確実にシステムが統合されて動作するように、誰かがシステム全体に目を光らせなければいけなかった。そこで、システムアーキテクト、システムオーナー、統合リードなどの個別の役割が作られた。重要なのは、こういった役割の人たちがプロジェクトや組織全体を横断して、「コミュニケーションの導線」のように働き、フィーチャーチームと直接かつ頻繁にやりとりすることだ。彼らは

CHAPTER FOUR

インターフェイスや統合といったサブシステムにまたがる問題をサポート
し、定期的な機能のデリバリーを維持できるようにする。

● プロダクトチームはサポートシステムを必要とする

　プロダクトチームの目的や特徴はフィーチャーチームと同じだが、1つ
かそれ以上のプロダクトの機能全体を担当するという点が異なる。プロダ
クトチームは、自分たちの成果をエンドユーザーに提供する上で、イン
フ
ラストラクチャー、プラットフォーム、テスト環境、ビルドシステム、デ
リバリーパイプラインなどに依存する。これらの依存関係のうちのいくつ
かは自分たちですべて扱えるかもしれない。だがChapter 3で説明したよ
うに、当然ながら、チームの認知や専門知識には限界があり、他の人たち
の助けが必要なこともある。

　チームが自律的でいるのに重要なのは、外部への依存関係をノンブロッ
キングにすることだ。すなわち、新機能はできているのに、外部の何かを
待っているということがないようにする。たとえば、プロダクトチームが
新機能を作り終わったら、確実にQAチームがすぐ評価に取りかかれるよ
うにするのは極めて難しい。チームはそれぞれ異なる作業負荷、優先順
位、問題を抱えている。また、一般的にソフトウェアシステムの構築と運
用はとても不確実性が高いため、事前に決めたスケジュールに沿って、同
じ仕事のストリームのなかで複数のチームが調整を行うのは難しい。この
アプローチにこだわると、必然的に待ち時間や遅延が増えるのだ。

　ノンブロッキングな依存関係は、他のチームが開発、維持するセルフ
サービス型の能力という形を取ることが多い。たとえば、テスト環境の払
い出し、デプロイパイプラインの作成、監視などだ。プロダクトチームは
これらを必要に応じて独立して使うことができる。

　たとえば、Microsoftは1980年代からプロダクトチームを活用してき
た。MicrosoftのプロダクトやサービスにおいてAzureをIaaSおよび
PaaSのソリューションとして使えるようにすることで、Microsoftのチー
ムはインフラストラクチャーやプラットフォームの機能を「as a Service」

の形で使える。これによってチームのデリバリーの速度は大幅に向上する。特に、Visual Studio関連のプロダクトを作っているチームでは、デスクトップファーストの数か月単位のデリバリーサイクルから、クラウドファーストの日次もしくは週次のデリバリーサイクルへと劇的な変化を遂げた[74]。

　簡単に使えるサービス（プラットフォーム指向のアプローチが望ましい）や、チームが不慣れなタスクを行うときにすぐに頼れるスペシャリストといったサポートシステムがないままにプロダクトチームを作ると、多くのボトルネックを作り出す。プロダクトチームは結局、インフラストラクチャーやネットワーク、QAなどの職能型チームに対する「強い依存関係」を持たなければいけなくなる。プロダクトチームが自律性を満たしていないシステムの一部でありながら、速くデリバリーするようにプレッシャーをかけられると、摩擦が増えていく。

● クラウドチームはアプリケーション用のインフラストラクチャーは作らない

　クラウドチームは多くの場合、従来のインフラストラクチャーチームの名前を変えただけのチームで、クラウドがもたらすスピードとスケーラビリティの恩恵を活用できていない。クラウドチームが今のふるまいやインフラストラクチャーのプロセスをそのまま続けると、組織は以前と同じようにソフトウェアデリバリーの遅延やボトルネックに悩まされる。

　プロダクトチームは必要に応じて新しいイメージやテンプレートを作り、自分たちの環境やリソースをプロビジョニングできる自律性が必要だ。クラウドチームは、プロビジョニングプロセスを引き続き担当し、（特に規制の厳しい業界で）必要な管理やポリシーの適用、監査が確実に行われるようにする。だがクラウドチームは、プロダクトチームのニーズと適切なリスクおよびコンプライアンス管理のニーズに合うような、高品質のセルフサービスを提供することに注力すべきだ。

　つまり、クラウドインフラストラクチャーのプロセスを設計する責任

（クラウドチーム）と、アプリケーションに必要なリソースを実際にプロビジョニングしたり更新したりする責任（プロダクトチーム）を分離する必要があるのだ。

● SREは大規模でこそ意味がある

サイトリライアビリティエンジニアリング（SRE）は、ソフトウェアアプリケーションの運用と改善のアプローチだ。Googleが数百万ものユーザーがいるグローバルなシステムを扱うなかで作り出したものである。SREを全面的に採用すると、以前のIT運用とは大きく異なるものになる。これは、「エラーバジェット」（許容できるダウンタイムを定義すること）に着目し、SREチームがダメなソフトウェアを突き返すためだ。

SREチームのメンバーに求められるのは優れたコーディングスキルと、より重要なのが、繰り返し行う運用タスクをコードによって自動化し、トイルを減らし続ける強い意欲と時間の余裕だ。Googleのエンジニアリング部門のVPであるベン・トレイナーは、SREは「ソフトウェアエンジニアに運用機能の設計を依頼したときに起こること」だとしている[75]。

SREのモデルでは、サービスレベル目標（SLO）とエラーバジェットを使って、新機能の提供速度とソフトウェアの信頼性を高めるのに必要な作業のバランスを取る。それによって、開発チームとSREチームの間に健全で生産的なインタラクションを形成する。

TIP
SREチームは必須ではなくオプションだ
Googleでもすべての開発チームがSREを使っているわけではない。SRE at Googleのなかで、ヤナ・ドガンは「プロジェクトの規模が小さくなっているなら、SREのサポートも減らす。規模的にSREのサポートが不要になれば、開発チームがSREの作業を担当する」と言っている[76]。

SREのアプローチは、大規模ソフトウェアシステムの構築と運用におけるとてもダイナミックなアプローチだ。ソフトウェアアプリケーションの

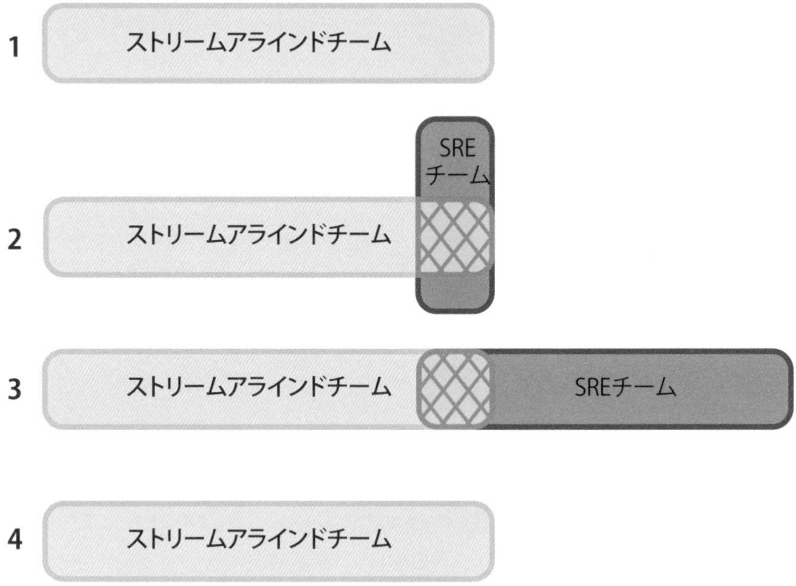

1 ストリームアラインドチーム

2 ストリームアラインドチーム SRE チーム

3 ストリームアラインドチーム SREチーム

4 ストリームアラインドチーム

図4.3　SRE チームとアプリケーションチームの関係

ユーザー数、ソフトウェアの信頼性の度合い、プロダクトの観点でどの程度の可用性が必要かなど、さまざまな要因に応じて、SREチームとアプリケーションチームのやりとりの内容や頻度は変わる（図4.3）。

　SREチームとアプリケーション開発チームの関係は、ソフトウェアライフサイクルのさまざまな段階で変わる。ときには月ごとに変わることもある。第1段階（図4.3の1）では、アプリケーション開発チームは、SREの助けが必要な規模になるまでは、自力でソフトウェアの構築と本番運用を行う。第2段階（図4.3の2）では、アプリケーションの利用が増えるのに伴い、SREはアプリケーション開発チームに対してどうすればアプリケーションをグローバル規模でうまく動作させることがで

> SREチームは1つまたは複数のアプリケーション開発チームと強固な関係、つまりある種のつながりを持つ。これを踏まえると、SREモデルはストリームアラインドチームの特殊形とみなすことができる。

きるかのガイダンスを提供する（図の緑の部分）。その後第3段階では、規模が大きくなってSREがアプリケーションの運用やサポートに全面的に関与するようになる（図4.3の3）。もちろんアプリケーションチームと協力しながら進める。この時点で、このアプリケーションのプロダクトオーナーは適切なサービスレベル目標とそれに対応するエラーバジェットを決めなければいけない。ある時点（図4.3の4）で、アプリケーションの運用性が下がってサポートが難しくなったり、アプリケーションの利用が減ったりした場合は、アプリケーションチームが再度運用に関する責任を持つ。これが第4段階だ。アプリケーションの運用性がエラーバジェットに合う形まで十分に改善でき、アプリケーションの利用状況が好転した場合は、関係性は第3段階に戻る。

　SREとアプリケーション開発チームのダイナミックなインタラクションが、Googleや他の組織でSREのアプローチがうまく機能している理由だ。ソフトウェアシステムの構築と運用は、工場の組み立てラインではなく、社会工学的な活動なのだ。

　だがSREモデルは簡単ではない。Google Cloudでカスタマーリライアビリティエンジニアリングのディレクターを務めるデイブ・レンシンは、「Googleレベルの運用の厳格さを実現するには、持続的なコミットメントが必要だ」としている[77]。SREは、アプリケーション開発チームの運用性へのこだわりとSREチームの専門性とのダイナミックなバランスの上に成り立っている。エンジニアリングに関する高度な規律とマネジメントからのコミットメントがなければ、この絶妙なバランスは簡単に崩れて、従来の「私たちとあなたたち」というサイロに陥る。そうなると、繰り返しのサービス停止や、チーム間の信頼の低減につながる。

トポロジーを選択する場合に考慮すること

　組織のコンテキストは、特定の種類のチームの立ち上げの成否に影響を与える。ここまで見てきた多くのチーム構造の例からもそれは明らかだ。

ここからは、トポロジーを選ぶ場合に考慮に入れておく必要のあるさまざまな要素について説明する。

● 技術的成熟度と文化的成熟度

組織の技術的成熟度と文化的成熟度の段階によって、効果的なチーム構造は異なる。たとえば、2013年の時点でAmazonとNetflixは、組織内部のサービスはエンドツーエンドの責任を持つ職能横断型チームが提供するという戦略を確立していた[78]。

一方で、アジャイルを採用して小さなバッチサイズで届けようとしている従来型の組織は、ずっと持続可能なペースで進めるのに必要な技術プラクティス（たとえば、自動テストやデプロイ、監視）が未成熟なことが多い。このような組織では、一時的に歴戦のエンジニアからなるDevOpsチームを立ち上げるとメリットが得られる。このチームが専門知識を伝授したり、さらに重要なこととして、共通のプラクティスやツールのもとでコラボレーションしてチームをまとめたりできるからだ。

だが、DevOpsチームのミッションや期限が不明瞭だと、このパターンから簡単に一線を越えてアンチパターンに陥る。つまり構成管理、モニタリング、デプロイ戦略などの知識で縦割りにしたサイロ（DevOpsチーム）が組織内でさらに増えるのだ。

一方で、DevOpsの導入を幅広い範囲で成功させるのにトップダウンとボトムアップの足並みをそろえる必要のある大企業では、DevOpsエバンジェリストのチームに投資して、組織の関心を高め、初期の成果を宣伝することは意味がある。

● 組織のサイズ、ソフトウェアの規模、エンジニアリングの成熟度

これまで見てきたとおり、良いトポロジーの選択は、組織やチームのコンテキストに大きく依存する。少なくとも、組織のサイズやソフトウェアの規模、エンジニアリングの成熟度は、DevOpsのコンテキストにおけるトポロジーの選択に影響を与える（図4.4）。

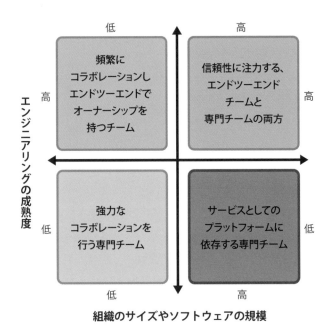

図 4.4　規模、エンジニアリングの成熟度、技術選択の影響

組織のサイズもしくはソフトウェアの規模と、エンジニアリングの規律はチームインタラクションのパターンの効果に影響を与える。

　成熟度の低い組織は、自律的なエンドツーエンドチームに必要なエンジニアリング能力とプロダクト開発の能力を身に付けるのに時間が必要だ。このとき、開発、運用、セキュリティなど専門性の高いチームが、密接に協力して待ち時間を最小にして問題にすばやく対処できるのであれば、許容範囲のトレードオフになる。中規模の組織やソフトウェアでは、スピードのためにチーム間での密接なコラボレーションを重視するパターンがうまく機能する。組織やソフトウェアの規模が大きくなるにつれて、下位のインフラストラクチャーやプラットフォームをサービスとして提供することに重点を置くことで、ユーザー向けのサービスの信頼性が向上し、顧客の期待に応えることができるようになるという点でメリットがある。組織のエンジニアリングの成熟度と規律が高い場合には、これまでに説明した

SREのモデルが大規模でもうまく機能する。

● 責任の分割によるサイロの解消

ときには、あるチームが抱える責任を分割し、他のチームがそれを引き受けるようにすることで、そのチームに対する依存関係を除去したり減らしたりすることができる。たとえば、多くの組織でここ数年使われるようになったのが、データベース管理からデータベース開発の活動を分離するというパターンだ。

データベース開発の活動とデータベース管理の活動はデータベースチームという職能型サイロにまとめられていることが多いが、速い変更フローの実現の必要性と共有データベースの利用の減少とが相まって、役割を分離することの効果が大きくなっている。実際のところ、データベースを内部で運用していようが、クラウドサービス事業者のDatabase-as-a-Serviceを使っていようが、データベース管理の役割はプラットフォームの一部になるのが普通だ。

ここまで見てきた例のすべてで、チームの能力（もしくは能力不足）とそれがチーム間の依存関係をどう引き起こすかについて考える重要性を訴えている。仕事が多くなったときに単にチームを複製したり人を追加したりするのではなく、より多くのメリットを享受するにはどの依存関係を取り除くべきか、どの依存関係は明示的に受け入れるかを考えることが重要なのだ。詳細についてはチーム間の関係について扱っているChapter 5とChapter 7を参照してほしい。

● チーム間の依存関係と待ち時間

責任が明瞭で、独立して作業可能で、フローに最適化したチームにするには、チーム間の依存関係と待ち時間の検出と追跡が不可欠だ。ドミニカ・ディグランディスは『Making Work Visible』のなかで、「チームをまたぐ重要な情報を見える化することは、チーム間のコミュニケーションに役立つ」としており、物理的な依存関係マトリクスやカンバンカードの

CHAPTER FOUR

「依存タグ」を使って依存関係を明らかにして追跡し、その依存関係がうまく機能するのに必要なコミュニケーションを推測することを推奨している[79]。

　ダイアン・ストロードとシッド・ハフが2012年に発表した論文「A Taxonomy of Dependencies in Agile Software Development（アジャイル開発における依存関係の分類）」では、依存関係には、知識、タスク、リソースという3つの異なるカテゴリがあるとしている[80]。このような分類は、チーム間の依存関係と、それがフローに与える潜在的な制約を前もって特定するのに役立つ。

　いずれのツールを使うにせよ、領域ごとの依存関係を追跡し、特定の状況において意味のある基準を決めて警告を出すことが重要だ。チェックもしないまま依存関係の数を増加させるべきではない。むしろ、増加があった場合にチーム設計や依存関係の調整を始めるのだ。

TIP

依存関係を検出して追跡しよう

　Spotifyではスクワッドとトライブの相互依存関係を検出して追跡するのに、単純なスプレッドシートを使っている。スプレッドシートで明らかにするのは、同じトライブのスクワッド間に依存関係があるか（この場合は許容範囲だ）、他のトライブとの間に依存関係があるか（この場合はチーム設計か仕事の割り当てがおかしい可能性を示唆している）だ。また、その依存関係が、それに依存しているチームのフローにどれだけすぐ影響を与えそうなのかも追跡している。

DevOpsトポロジーを活用して組織を進化させる

　ここまで、ある時点における特定のトポロジーの有効性に影響を与える複数の側面について調べてきた。だが、組織やチーム、戦略は時間とともに変わる。これは、チームの文化とエンジニアリング成熟度の改善を目的としたDevOps Dojoのような意図的な行動によることもあれば、マー

ケットの変化によることもある。

　多くの組織はDevOpsトポロジーのカタログを効果的なチーム構造の「スナップショット」的なアドバイスだとみなしていた。だが、なかには、現在のコンテキストで最も理にかなったトポロジーを起点にして、組織の能力や制約のもとで期待する変化に合った最終目標に至るまでの進化の道筋を考え、何歩も先に進んでいる組織もあった。

　以下では、DevOpsトランスフォーメーションの業界事例をいくつか紹介する。いずれも、新たなコンテキストに対応するために時間をかけてDevOpsトポロジーを進化させた例だ。

　継続的デリバリーのアーキテクトであるプラク・アグラワルとUKIのDevOpsリードであるジョナサン・ハマントは、どのようにDevOpsトポロジーのパターンを活用することで組織を進化させたのか直接教えてくれた。対象の組織はAccentureがコンサルティングを提供する顧客で、具体的には、2017年4月にDevOpsチームを発足したヘルスケア業界の顧客だ。彼らは取り組みを始めてすぐに、DevOpsチームが導入したツールの専門知識がサイロ化してアンチパターンに陥っていることに気づいた。

　2018年1月、開発チーム、運用チーム、DevOpsツールチームがより密接に働けるように、チーム構造を進化させた。その経緯をプラクはこう説明してくれた。

> 私たちは、顧客のAzureインフラストラクチャー上に企業向けの文書管理製品を自動でインストール、設定、運用するためのInfrastructure as Code（IaC）のプロジェクトを実施しました。このプロジェクトで私たちは、「Ops as Infrastructure-as-a-Service」のパターンを活用しました。これを受けて、運用のためのコードをチェックする運用チームと、本番環境の非機能要件に取り組む開発者の双方が初日から参加しました。初期段階でサイロになっていたDevOpsツールチームのメンバーも参加して、インフラストラクチャーのサポートを行いました[81]。

　進化の第3段階ではそれまでの成功をもとに、DevOpsチームを実行役からエバンジェリスト役へと完全に移行させ、開発チームと運用チームは

自分たちのことは自分たちでやるようになり、必要なステップの自動化に向けて協力できるようになることを目指した。プラクはこう説明した。

> DevOpsチームは現在、「DevOpsエバンジェリストチーム」のパターンに進化しています。顧客と一緒に働き、個々のプロジェクトチームの教育を行って、チームを機能させることで、自分たちが不要になるようにするのです。開発と運用のステップを自動化し、監視やアラートの仕組みを整備します。そして、自動化やその実行を開発チームや運用チームが自分たちで担当できるようになることを目指しています[82]。

　PART III では、DevOpsに限らず幅広いコンテキストでのチームトポロジーの進化について詳しく見ていく。

CASE STUDY

TransUnionにおけるチームトポロジーの進化（その1）

イアン・ワトソン、DevOps統括、TransUnion

TransUnion（前 Callcredit）はイギリス第2位の信用調査機関（CRA）で、スペイン、アメリカ、ドバイ、リトアニアに海外拠点を持つ。世界中のあらゆる分野の企業に対して、消費者データを管理する専門的なサービスを提供しており、企業と消費者がより多くの情報をもとに意思決定する手助けをしている。TransUnionで2015年から2018年までDevOpsを統括していたイアン・ワトソンは、DevOpsトポロジーがいかにして長期にわたる成長を導いたかを振り返っている。

　2014年にTransUnionの技術グループは、ソフトウェアによる分析ソリューションの需要の高まりに対応すべく、組織の急拡大を始めた。拡大を効果的に進めるには、さまざまな技術チーム間の関係性について考慮する必要があった。そこで、デジタルトランスフォーメーションを計画する上で役立ったのが、DevOpsトポロジーだった。個別の「DevOps」チームを作るのではなく、開発（Dev）と運用（Ops）を近づけたいと考えたのだ。そこで、ハイブリッドモデルを採用し、2つの暫定DevOpsチームが協力して、時間をかけてDevとOpsを統合することにした。

そこでわかったのは、TransUnionにおけるDevOpsジャーニーは静的な再構成ではなく、チームの関係性の進化に基づくものでなければいけないということだった。DevOpsトポロジーのパターンは、どのようにデジタルトランスフォーメーションを進めるかを判断するのに役立つとともに、クラウド技術と自動化アプローチの採用を加速してくれた。パターンは、個別のDevOpsチームを作るような落とし穴を避けるのに役立ったし、チームの責任を効果的に定義するのにも役立った。結果的に、過去4年間で技術部門を大きく拡大することができ、素晴らしい結果を出すことができた。

まとめ 現在のコンテキストにあったチームトポロジーを選び進化させる

　プロダクトの拡大、新技術の導入、マーケットからの新たな要求を受けて、受け身でチームの構造や責任を決めるとその場しのぎにはなる。だが、考え抜いて選択したトポロジーであれば実現できたであろうスピードと効率は手に入らない。

　こういった決定は個々のチームで行われることが多く、技術的な成熟度、文化的な成熟度、組織のサイズ、ソフトウェアの規模、エンジニアリングの規律、チーム間の依存関係といった組織全体にまたがる重要な要素を考慮していない。結果的に、チーム構造は一時的な問題や限定的な範囲に対応するように最適化され、時間とともに登場する新しい問題には対応できなくなる。

　「DevOpsチーム」のアンチパターンはその典型例だ。ソフトウェアのデリバリーと運用を加速するのに、自動化やツールのスペシャリストを内部に抱えることは理論上は理にかなっている。しかし、DevOpsチームが、アプリケーションチーム向けの独立したセルフサービス機能の設計や構築を支援するのではなく、すべてのアプリケーションのデリバリーにおいて作業の実行を求められると、アプリケーションチームにとって強い依

存関係がすぐに生まれてしまう。

　ある時点の特定の問題やニーズを解決するためにトポロジーを選ぶのではなく、さまざまな側面を考慮しながら、ゆるやかに進化し続ける組織のコンテキストにおいて機能するトポロジーを明示的に選ぶことが重要だ。

　特にDevOpsのコンテキストでは、DevOpsトポロジーは、どのトポロジーがどんなコンテキストに合うかを明らかにするのに役立つ。先見の明のある組織は、今日とてもうまくいっていることが数年後、もしくは数か月後には必ずしもそうではなくなることを理解していて、チーム設計において先の段階を見据えたアプローチをしている。

４つの基本的なチームタイプ

The Four Fundamental Team Topologies

CHAPTER FIVE

システムのアーキテクチャーは構築したチームの形に固められる

—— ルース・マラン、「コンウェイの法則」

　多くの組織には、さまざまな種類のチームがあり、インフラストラクチャー・ツールチームのように複数の役割をこなしているチームもある。このように無計画に役割を拡張した結果、誰も組織全体を見通せなくなっている。適切なチームが配置されているのだろうか？　誰も対処していないが、能力が備わってない領域があるのではないだろうか？　チームの自律と他のチームからのサポートはバランスが取れているだろうか？

　チームの種類を以下の４つの基本的なチームタイプにまで減らしてしまえば、そのような質問に答えるのは簡単になる。

　・ストリームアラインドチーム
　・イネイブリングチーム
　・コンプリケイテッド・サブシステムチーム
　・プラットフォームチーム

ちょっと注意すれば、モダンなソフトウェアシステムの開発と運用に必

Part II：フローを機能させるチームトポロジー｜95

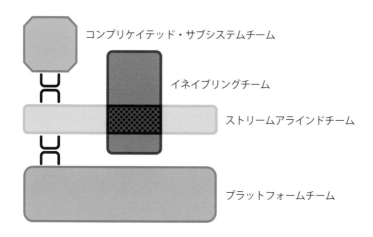

コンプリケイテッド・サブシステムチーム

イネイブリングチーム

ストリームアラインドチーム

プラットフォームチーム

図5.1　4つの基本的なチームタイプ

要なのはたった4つのチームタイプであることがわかる。効果的なソフト
ウェア境界（Chapter 6で説明する）とチームインタラクション（Chapter 7
で説明する）があれば、これら4つのチームタイプに制限することで、効
果的な組織設計をする上での強力なテンプレートになる（図5.1）。

　4つの基本的なチームタイプ、すなわちストリームアラインドチーム、
イネイブリングチーム、コンプリケイテッド・サブシステムチーム、プ
ラットフォームチームは、あらゆる種類のチームの「磁石」のように働
く。すべてのチームは、4つの磁石のどれかに引き寄せられる。組織内の
すべてのチームは、自分のチームタイプを選ぶ。そして、チームタイプに
応じて、目的、役割、責任を担い、インタラクションにあったふるまいが
できるようにする。チームをたった4種類でシンプルに分類することで、
組織内の曖昧さを減らすことができるのだ。2018年にジャオ・ルオらが
発表したように、組織内の役割についての曖昧さを減らすことは、モダン
な組織設計で成功するための主要な要因である[83]。

　中規模な組織や大規模な組織では、基本的なチームタイプそれぞれに1
つ以上のチームが存在するだろう。特に、ストリームアラインドチームは
複数あることが普通だ（本章で見ていく）。だが、複数のプラットフォー

ムチームがあったり、異なる目的ごとにいくつかのイネイブリングチーム（たとえば、CI/CD担当のチームとインフラストラクチャー・アーキテクチャー担当のチーム）があったりする組織もある。どうしても必要な場合は、コンプリケイテッド・サブシステムチームが1〜2チーム存在する場合もある。

> 📖 **NOTE**
>
> 　運用チームはどこだろうか？　サポートチームは？　基本的なチームタイプには、運用チームもサポートチームも含まれていない。これは意図的だ。長続きするチームがシステムを構築する。そしてそのチームは、構築したシステムの実際の運用の非常に近くにいる。運用チームやサポートチームへの「引き継ぎ」は存在しないのだ。SREチームへの引き継ぎさえ存在しない（Chapter 4参照）。ストリームアラインドチームは、継続的デリバリーや運用性のような良いソフトウェアデリバリーのプラクティスに従う。そして、ほとんどコードを書かなかったとしても、実際の運用にも責任を負うのだ。結果として、運用もサポートもストリームに沿って実施される。成功している組織が、どうやってサポート業務からのフィードバックをすばやく安全な変更フローに取り込んでいるかは、本章の後半で見ていく。

では、それぞれの基本的なチームタイプの詳細を見ていこう。

ストリームアラインドチーム

　ストリームとは、ビジネスドメインや組織の能力に沿った仕事の継続的な流れのことだ。継続的なフローにするには、目的と責任を明確化し、複数のチームがそれぞれの仕事のフローを扱いつつ共存できるようにしなければいけない。

　ストリームアラインドチームとは、価値のある単一の仕事のストリームに沿って働くチームのことだ。ストリームとは、仕事やサービスの場合もあるし、機能一式のこともあり、ユーザージャーニーやユーザーペルソナの1つのような場合もあるだろう。さらに、なるべくそのチームだけですばやく安全に顧客やユーザーに価値を届けられるように、チームに権限が

委譲されている。他のチームへの仕事の引き継ぎは必要ないということだ。

　ストリームアラインドチームは、組織で根幹となるチームタイプで、残りの基本的なチームタイプの目的は、ストリームアラインドチームの負荷を減らすことにある。本章の後半で見ていくが、たとえばイネイブリングチームのミッションは、ストリームアラインドチームが欠いている能力をすばやく獲得するのを助けることにある。調査や試験の作業を行い、役に立つプラクティスを準備するのだ。プラットフォームチームのミッションは、下位の詳細な知識（プロビジョニング、監視、デプロイなど）を引き取り、使いやすいサービスを提供することでストリームアラインドチームの認知負荷を減らすことだ。

　ストリームアラインドチームは、デリバリー全体に関わるため、必然的に顧客の近くで働くことになり、本番環境のソフトウェアを監視しながら、すばやく顧客からのフィードバックを取り込めるようになる。そのようなチームは、システムの問題にほぼリアルタイムに反応し、仕事の方向性を修正できる。ドン・レイネルトセンの言葉を借りれば、「大きなチームより、スキルの高い人からなる小さなチームのほうが、本番環境での方針変更をすばやくできる」[84]。

　組織のなかでは複数のストリームが共存できる。特定の顧客向けのストリーム、ビジネスエリアごとのストリーム、地理的ストリーム、プロダクトストリーム、ユーザーペルソナストリームなどがあり、規制の多い業界であればコンプライアンスストリームさえある（さまざまなストリームでの仕事を整理する方法については、Chapter 6を参照）。さらには、巨大企業のなかで、新規プロダクトのイノベーションを行うといった独立した目的とフォーカスを持つ小さな企業のような形を取ることもある。どのようなストリームでも、ストリームアラインドチームは、短期のプロジェクトではなく、長期的に維持される仕事のポートフォリオもしくはプログラムの一部として、予算が割り当てられる。

　モダンなソフトウェア組織では、ほとんどのチームがストリームアライ

ンドチームとなる。仕事のフローは明白で、それぞれのストリームには優先度に基づいてストリームアラインドチームが担当する安定した仕事のフローがある。

これまでの仕事の割り当て方とはまったく違うことがわかるはずだ。従来のやり方ではまず、ある顧客からの大きな要望、複数の顧客からの小さな要望がプロジェクトへと翻訳される。プロジェクトが承認され予算が割り当てられたら、フロントエンド、バックエンド、データベース管理チームなど、いくつかのチームが巻き込まれ、既存のバックログに追加の仕事が押し込まれる。

CASE STUDY

Amazonの厳格に独立したサービスチーム

Amazonが高度に独立したチーム編成を採用したのは2002年にまでさかのぼる。CEOジェフ・ベゾスの厳命により、Amazonのサービスやアプリケーションを担当するチームは、真に独立していることが求められた。こうすることで、コンウェイの法則によって、チーム群の単位でも独立していることが保証されていた[85]。Amazonは、ソフトウェアのチームのサイズをピザ2枚で足りるサイズに制限していることでも知られている。チームの説明責任を増し、デリバリーと探索の速度を最大化するためだ[86]。

2002年頃、ジェフ・ベゾスは、Amazonのエンジニアリング部門に、チーム編成について以下のような明確なルールを設定した。

- それぞれのチームは、担当するサービスの開発と運用に完全な責任を負う（サービスは、Amazon.comやAWS製品の単一または複数の機能とみなすことができる）
- それぞれのサービスは、内部向け外部向けに関わらずAPIを通じて提供される。チームは、他のチームのサービスやアーキテク

チャー、利用技術に干渉してはいけないし、いかなる前提も設定してはいけない

Amazon の CTO であるワーナー・ヴォゲルスが語ったことで有名になった「you build it, you run it（自分で作ったら、自分で運用する）」の原則に従って、サービスチーム（内部での呼称）は職能横断型で、サービスの管理、仕様決定、設計、開発、テスト、運用（インフラストラクチャーのプロビジョニング、顧客サポートを含む）を自分で行える能力を持っていなければいけない。必要な能力は個人に割り当てられるわけではなく、チーム全体として必要な能力を備えていればよい。それぞれのチームメンバーに専門分野があるが、専門分野以外でもチームに貢献する。

サービスチーム間の調整はほとんどない。結果として、高度に分散し、多種のスタックからなるマイクロサービスになっていった。おもしろいことに、テストは例外だった。テスト担当ソフトウェア開発エンジニア（SDET）が組織全体を横断して働き、良いテストプラクティスとツールをチームに勧める活動を行った（日々のテスト実施の役割はそれでも個々のチームが担当する）。サービスやデバイス、地域をまたぐユーザーエクスペリエンスがスムーズなものになるように支援する活動も行った。SDET という役割は、生産性チームやツールチームの人からの有用なインプットをまとめて他のチームに提供し、チームをまたいで良いプラクティスを啓蒙、促進するのに役立った。

Amazon の 2 ピザチームは、ストリームアラインドチームの例だ。チームは実質的に独立しており、サービスにオーナーシップを持ち、開発したソフトウェアがうまく使われるようにする責任を持つ。Amazon はこのモデルを 17 年以上も使っていることからも、独立した変更のストリームに沿ってチームを配置するやり方が有効なのは明らかだ。

● ストリームアラインドチームが備える能力

一般的に、ストリームアラインドチームは初期の要求探索の段階から本番運用まで作業を進めるのに必要な能力一式を備えている必要がある。そのような能力には以下のようなものが含まれる（これに限らない）。

・アプリケーションセキュリティ
・事業成長性分析と運用継続性分析
・設計とアーキテクチャー
・開発とコーディング
・インフラストラクチャーと運用性
・メトリクスとモニタリング
・プロダクトマネジメントとオーナーシップ
・テストとQA
・ユーザーエクスペリエンス（UX）

それぞれの能力を個人が担当するわけではないと理解しておくことが重要だ。能力ごとにメンバーがいるとしたら、上のリストに挙げた能力だけでも9人が必要になるが、そうではなく、これらの能力をチームとして理解し実行できるようになるということだ。ジェネラリストと少数のスペシャリストの混成チームになるかもしれない。特定の能力だけを持つ専門ロールだけにすると、忙しいスペシャリストが常にボトルネックとなる状況を招いてしまう。

> 📖 **NOTE**
>
> Googleが先駆けとなったサイトリライアビリティエンジニアリング（SRE）チームは、実際にはストリームアラインドチームの一種で、本番環境での大規模なアプリケーションの信頼性に責任を負う。SREチームは、アプリケーションを開発する単一もしくは複数のストリームアラインドチームとコラボレーションし、ソフトウェアの変更がストリームに適切に沿ったものにする。

● 「プロダクトチーム」や「フィーチャーチーム」でなく、なぜストリームアラインドチームなのか？

ソフトウェアデリバリーのためのフレームワークの多くは、エンドツーエンドで価値のある機能を開発するチームのことを「プロダクトチーム」とか「フィーチャーチーム」と呼んでいた。だが、最近ではプロダクトやフィーチャーではなく、ストリームについて語ったほうがよいことも多い。チームの目的をストリームと一致させることで、組織レベルでフローに注目するようになる。ストリームを妨げてはいけないのだ。

IoTや組み込みデバイスがあらゆるところで使われるようになり、サービスマネジメントにも全体としてのアプローチが必要になってきた。エンドツーエンドのユーザーエクスペリエンスのあり方が変わってきたのだ。顧客は、ある独立したソフトウェアを使うだけではなく、さまざまなプロダクトやデバイスを通じて、モバイル、組み込み、音声コントロールなど多種多様なソフトウェアを使うようになった。また、顧客は個人、ソーシャルメディア、ウェブ、電話など複数のチャネルを通じてブランドと接触するようになり、それらの間では統一されたインターフェイスと応答を望むようになった。書籍『Designing Delivery』のなかで、ジェフ・サスナは、こういった課題に対応するには、チームが「継続的デザイン」の能力を組み込む必要があることについて語っている。継続的デザインの考えのもとで、サービス、フィードバック、失敗、学習といったものをいちばん重要な概念として扱う。そのためには、流れに注目して変化を捉えるストリーム重視なものの見方をすることが重要なのだ[88]。

このように複数チャネルと高度に結合されたコンテキストでは、「プロダクト」はいろいろな意味を持つ。これが「プロダクトチーム」の責任範囲を理解し難くしている。たとえば製造業でプロダクトといえば、使用期間が定められた物理的なデバイスだろう。エンジニアリングチームが何年もかけて開発し、プロダクトが廃番になればチームは解散させられる。

ストリームアラインドという用語は、「プロダクト」や「フィーチャー」よりも幅広い状況に対応できるだけでなく、ストリームに沿ったフローの

強調という意味もある。ソフトウェアのすべての状況で、プロダクトや
フィーチャーが必要になるわけではない（特にパブリックサービスの提供
に集中する場合など）。だが、どんな状況でもフローに沿うことにメリッ
トがあるのだ。

● 期待されるふるまい

　ここまで見てきたように、ストリームアラインドチームのミッション
は、与えられたストリームに沿って仕事をスムーズに流せるようにするこ
とだ。ストリームはビジネスドメインに関連することが多いが、そうでな
い場合もある。

　効果的なストリームアラインドチームには、どんなふるまいやアウトカ
ムが求められるかを以下に示す。

CHAPTER FIVE

- ・ストリームアラインドチームは、フィーチャーデリバリーの安定した
  フローを作ることを目指す
- ・ストリームアラインドチームは、最新の変更に対するフィードバック
  に基づいてすばやく軌道修正する
- ・ストリームアラインドチームは、プロダクトの進化に実験的なアプ
  ローチを用い、常に学んで適応する
- ・ストリームアラインドチームは、他のチームへの引き継ぎを最小限
  （理想はゼロ）にする
- ・ストリームアラインドチームは、このチームが実現した変更フローの
  安定性と、技術面およびチームの健全性の観点での補助的なメトリク
  スで評価される
- ・ストリームアラインドチームは、コードの変更が安全かつ簡単に行え
  る状態を保つため、コードの品質変化（「技術的負債」と呼ばれる場
  合もある）に対応するための時間を持たなければいけない
- ・ストリームアラインドチームは、積極的かつ定期的に、支援を受ける
  他のチームタイプ（コンプリケイテッド・サブシステムチーム、イネ

イブリングチーム、プラットフォームチーム）と連携する

・ストリームアラインドチームのメンバーは、「自律」「熟達」「目的」を達成しようとしているか、達成していると感じる。これは、ダニエル・ピンクが、モチベーションの高い知識労働者の３つの重要な要素であるとしたものだ

　ストリームアラインドチームがプラットフォームと関わる方法の詳細については、Chapter 8で見ていく。

イネイブリングチーム

　『LeanとDevOpsの科学』で、ニコール・フォースグレン、ジェズ・ハンブル、ジーン・キムは、ハイパフォーマンスなチームは、優位性を保つため能力向上に継続的に取り組んでいると説いた。だが、エンドツーエンドでオーナーシップを持つストリームアラインドチームが、新しいスキルを調査し、学習し、練習する余裕を確保するにはどうすればよいだろうか？　ストリームアラインドチームは、デリバリーとすばやい対応を求められるプレッシャーに常にさらされていることも忘れてはいけない。

　イネイブリングチームは、特定のテクニカル（プロダクト）ドメインのスペシャリストから構成され、能力ギャップを埋めるのを助ける。複数のストリームアラインドチームを横断的に支援し、適切なツール、プラクティス、フレームワークなどアプリケーションスタックのエコシステムに関する調査、オプションの探索、正しい情報に基づく提案を行う。そうすることで、ストリームアラインドチームは、多大な労力をかけずに能力を獲得し進化できる（私たちの経験では、能力獲得と進化を自分でやる場合に必要な労力がチームに与える影響は、10〜15倍過小評価されている）。

　イネイブリングチームは協調的な性格が強い。効果的なガイダンスを提供するために、ストリームアラインドチームの課題や不足点を理解しようとする。ユッタ・エクスタインは、イネイブリングチームを「テクニカル

コンサルティングチーム」と呼んだ[90]。コンサルティングチームは内部、外部に関わらず、実作業ではなくガイダンスを提供するという点で、私たちの定義と一致している。

イネイブリングチームは、知識の「象牙の塔」になったり、チームに技術的な判断を押し付けたりしないように十分に注意しつつ、組織全体の技術的な制約をチームが理解し守るのを助ける。個人ではなく、チーム単位での「サーバントリーダーシップ」とも考えられる。イネイブリングチームの最終的なゴールは、ストリームアラインドチームへのソリューションの提供ではない。ストリームアラインドチームの課題に注力することで、ストリームアラインドチームの自律性を高めることである。イネイブリングチームがうまく機能すれば、ストリームアラインドチームは、イネイブリングチームからの支援を数週間から数か月で必要としなくなるはずだ。イネイブリングチームへの継続的な依存関係は作るべきではない。

> **TIP**
>
> ロバート・グリーンリーフの経験則をイネイブリングチームのふるまいのガイドとするのがよい。
> 「個人としての成長に貢献したか？ 支援している間、チームはより健全に、より賢く、より自律的になったか？」[91]

1つのイネイブリングチームは、前節で説明したストリームアラインドチームの能力（ユーザーエクスペリエンス、アーキテクチャー、テストなど）に対応する場合もあるが、より特定の領域に集中する場合が多い。特定のクライアント技術（デスクトップ、モバイル、ウェブなど）のビルドエンジニアリング、継続的デリバリー、デプロイ、テスト自動化などだ。たとえば、イネイブリングチームは、デプロイメントパイプラインのウォーキングスケルトンを設定したり、基本的な自動化テストフレームワークを初期のシナリオ例と自動化ツールと組み合わせて提供したりする。

イネイブリングチームからストリームアラインドチームへの知識移転は、（ストリームアラインドチームがコンテナ化などの新しい技術を採用

する場合など）短期的に行うこともあれば、（ビルドやテストの高速化など継続的な改善の場合）長期的に行うこともある。Infrastructure as Codeの定義といったプラクティスでは、ペアワークが極めて効果的である。

● 期待されるふるまい

　ここまで見てきたように、イネイブリングチームのミッションは、ストリームアラインドチームがその時点で持っていない必要な能力を獲得するのを助けることだ。通常は、特定の技術領域やプロダクトマネジメント領域に関わることが多い。

　効果的なイネイブリングチームには、どんなふるまいやアウトカムが求められるかを以下に示す。

- イネイブリングチームは、積極的にストリームアラインドチームのニーズを探索し、定期的にチェックポイントを設け、より多くのコラボレーションが必要になるタイミングについて合意をする
- イネイブリングチームは、ストリームアラインドチームが実際に必要とするより前に、専門領域での新しいアプローチ、ツール、プラクティスについて先んじておく。これまでは、アーキテクチャーチームやイノベーションチームが担当していたミッションだが、他のチームの支援にフォーカスすることで、より良い関係性を生み出せる
- イネイブリングチームは、良いニュース（例「テストコードを50％削減できる新しいUI自動化フレームワークがある」）も悪いニュース（例「現在広範囲で利用しているJavaScriptフレームワークXは、積極的にメンテナンスされないことになった」）も伝える。技術面のライフサイクルマネジメントを支援するためだ
- イネイブリングチームは、ストリームアラインドチームが直接使うのが難しい外部（もしくは内部）サービスのプロキシーとしてふるまうこともある
- イネイブリングチームは、イネイブリングチーム内の学習だけでな

く、ストリームアラインドチームを横断した学習も促進するため、組織内の適切な情報共有を促すキュレーターとして活動する（トム・デマルコとティモシー・リスターが「キー学習機能」と呼んだ機能をサポートする[92]）

大手法律事務所でのエンジニアリング支援チーム

ロビン・ウェストン、エンジニアリングリーダー、BCG デジタルベンチャーズ

2007年、私は、大手法律事務所で新たに設立されたエンジニアリング支援チームで、1年間コンサルティングのリーダーを務めた。クライアント組織のソフトウェア開発部隊は複数のグローバル拠点に分散していた。

エンジニアリング支援チームが作られたのは、組織全体で数え切れないほどの問題が出てくるようになっていたからだった。機能をデリバリーするまでのリードタイムが長いこと、異なるシステムのリリースタイミングが切り離せないこと、チームの士気低下、サイロ化した技術知識などだ。本質的には、組織がイノベーションの変化のペースについていけず、競合優位を失いつつあることだった。

支援チームは、強力なスキルセットを持ち、さまざまなソフトウェアエンジニアリング（アプリケーション開発、ビルド＆リリース、テストなど）の分野にまたがった知見を持つ人たちで構成されていた。重要なのは、新しい技術やツールを持ち込むのではなく、良いプラクティスの共有とチームの教育に集中することだった。文化と開発チームのスキルをないがしろにして、単に新しいビルド・デプロイメントツールを持ち込んでも、害になることのほうが多い。私たちは自分たちがコミットすることを「チーム憲章」として定め、組織全体に広く公開した。

私たちのハイレベルのゴールは、チームが機能をよりすばやく、よ

り高品質でリリースできるようにすることだ。最初の8週間は、以下
のメトリクスの改善にあてた。

・正常なデプロイ1回あたりにかかる時間
・1日あたりの正常デプロイの絶対数
・失敗したデプロイの修正にかかる時間
・コードコミットからデプロイまでの時間（サイクルタイム）

　エンジニアリングの問題の解決を上から押し付けると確実に失敗す
る。実際に現場で働いている人たちから、本当の意味で支持される必
要があるからだ。支援チーム自体は、意図して外部のコンサルタント
と既存チームの開発者の混成になるようにした。チームを立ち上げ、
ミッションを達成するため、組織全体でワークショップを実施し、す
べてのグローバル拠点にいるチームから代表者を招いた。
　私たちのチームは、やっていることをすべて組織全体から見えるよ
うにした。他のチームが自分でやれるようにするためだ。モブプログ
ラミングセッションをやったり、デモを録画したり、すべてのチーム
をショーケースに招待したりもした。ソリューションの構築に使える
チームの時間は4分の1くらいだろうと想定していた。残りの時間は
情報共有だ。
　最初の8週間が過ぎ、主要なメトリクスについて以下のような結果
を得た。

・デプロイリードタイム72%減少
・1日あたりのデプロイメントパイプライン実行数700%増加
・デプロイメントパイプラインの実行時間98%減少（10時間から15
　分に！）
・失敗ビルドの平均修正時間24時間以内（以前はビルドがグリーンに
　なっていなかった！）

メトリクスの絶対値はそれほどすごいものではない。だが、明確な進捗を示せたことでチームに自信が生まれ、他の問題に対処するために、より幅広い取り組みをしていくことについて、組織からの信頼も得られた。

イネイブリングチームの第1の目的は、ストリームアラインドチームが、使えるソフトウェアをタイムリーかつ持続可能に届けられるように支援することだ。イネイブリングチームが存在するのは、ストリームアラインドチーム内の不適切なプラクティス、優先順位設定の間違い、品質の低いコードなどに起因する問題を解決するためではない。ストリームアラインドチームがイネイブリングチームとコラボレーションするのは、新しい技術、コンセプト、アプローチについての能力を高めるためであり、短期間（数週間から数か月）にとどめるほうがよい。ストリームアラインドチームが、新しいスキルを理解し身に付けたら、イネイブリングチームとの日常的なインタラクションはやめる。イネイブリングチームは別のチームにフォーカスするようにする。

● イネイブリングチームとコミュニティオブプラクティス（CoP）

イネイブリングチームもコミュニティオブプラクティス（CoP）も、他のチームが持つ能力を向上させ、またチームが持っている能力を広く知らしめるのに役立つ。イネイブリングチームのメンバーはフルタイムで活動する。CoPは組織内のさまざまなチームから関心を持つ個人が集まり、毎週もしくは毎月、プラクティスの共有ややり方の改善を行うことが多い。エミリー・ウェッバーは、著書『Building Successful Communities of Practice』のなかで、「コミュニティオブプラクティスは、社会的学習、実験的学習、バランスの取れた学習が行いやすい環境を作り、メンバーの学習を加速する」と言っている[93]。

イネイブリングチームとCoPは目的や力学が違うため、共存できる。イネイブリングチームはスペシャリストで構成される小さくて長続きする

グループで、ある時点では1チームもしくは少数のチームだけ担当し、チームの能力と認知を向上させることに集中する。CoPは、より広い波及効果を目指すことが多く、多くのチームに知識を広げることを目的にする。もちろん、いくつかのイネイブリングチームが集まって、「イネイブリングチームのコミュニティオブプラクティス」を作ってもよい。

コンプリケイテッド・サブシステムチーム

コンプリケイテッド・サブシステムチームは、システムのなかでスペシャリストの知識が必要となるパーツを開発、保守する責任を持つ。ほとんどのチームメンバーがその分野のスペシャリストでなければ、理解や変更が難しいようなサブシステムを担当する。

このチームの目的は、複雑なサブシステムを含んだり利用するシステムの担当となるストリームアラインドチームの認知負荷を減らすことにある。このチームは、習得や育成の難しいスキルや専門能力を活かして、担当するサブシステムの複雑さに取り組む。サブシステムを利用するために必要なスペシャリストをすべてのストリームアラインドチームに配置することはできないと思ったほうがよい。そもそも不可能だったり、コストがかかりすぎたり、ストリームアラインドチームのゴールに一致しなかったりする。

考えられるサブシステムの例としては、動画処理コーデック、数理モデル、リアルタイム取引裁定アルゴリズム、金融サービスのトランザクションレポートシステム、顔認識エンジンなどがある。

複数のシステムで共有するサブシステムが見つかった場合に作られるようなコンポーネントチームと、コンプリケイテッド・サブシステムチームの決定的な違いは、サブシステムに特別な専門知識が必要である場合にのみ作られることにある。判断基準はチームの認知負荷だ。コンポーネントの共有可能性ではない。

結果として、これまでの組織のコンポーネントチームの数と比較する

と、チームトポロジーに基づく組織のコンプリケイテッド・サブシステムチームの数は少なくなるはずだ。のちほど、従来のコンポーネントチームと、ストリームアラインドチームをサポートする基本的なチームタイプとの対応を見ていく。

● 期待されるふるまい

ここまで見てきたように、コンプリケイテッド・サブシステムチームのミッションは、特に開発にスペシャリストが必要な複雑なサブシステムについてストリームアラインドチームの認知負荷を下げることにあった。

効果的なコンプリケイテッド・サブシステムチームには、どんなふるまいやアウトカムが求められるかを以下に示す。

CHAPTER FIVE

- コンプリケイテッド・サブシステムチームは、担当するサブシステムの開発状況を意識して、適切にふるまう。初期の探索や開発の段階では、ストリームアラインドチームと密接にコラボレーションする。サブシステムが安定してきたら、インタラクションを減らし、サブシステムのインターフェイス、機能の使用状況と進化に集中する
- コンプリケイテッド・サブシステムチームが担当することで、サブシステムのデリバリー速度と品質は、ストリームアラインドチームが開発した場合（分割の判断をする前）より明らかに向上する
- コンプリケイテッド・サブシステムチームは、サブシステムを利用するストリームアラインドチームのニーズを尊重し、適切に優先順位をつけて変更をデリバリーする

プラットフォームチーム

プラットフォームチームの目的は、ストリームアラインドチームが自律的に仕事を届けられるようにすることである。ストリームアラインドチームは本番環境のアプリケーションの開発、運用、修正を含む全体のオー

ナーシップを持つ。プラットフォームチームは、内部サービスを提供することで、ストリームアラインドチームが下位のサービスを開発する必要性をなくし、認知負荷を下げる。

「プラットフォーム」の定義は、エヴァン・ボッチャーの以下のデジタルプラットフォームの定義に沿っている。

> デジタルプラットフォームは、セルフサービスAPI、ツール、サービス、知識、サポートからなる基盤で、使用に値する内部プロダクトとして用意される。自律的なデリバリーチームは、プラットフォームを活用することで調整ごとを減らしつつ、プロダクトの機能をより速いペースでデリバリーできるようになる[94]。

このアプローチは、インターネット時代の多くの組織で成功裏に適用されている。プラットフォームチームの知識は、長大な利用マニュアルではなく、セルフサービスの形でウェブポータルやプログラマブルなAPIとして提供され、ストリームアラインドチームは簡単に活用できる。「利用容易性」は、プラットフォーム適用の基礎となる。また同時に、顧客が外部であるか内部であるかに関わらず、プラットフォームチームは、提供するサービスが目的に一致し、信頼性が高く、使いやすいプロダクトになるように扱う必要があることを示している。ユッタ・エクスタインの「テクニカルサービスチームは、自分たちがドメインチームへの純粋なサービス提供者であることを常に意識しておくべきである[95]」という助言が参考になるだろう。

Preziのプラットフォームエンジニアだったピーター・ノイマルクは、プラットフォームチームと支援するストリームアラインドチームの目的が一致していることの重要性を次のように説いている。「プラットフォームチームの価値は、プロダクトチームに提供しているサービスの価値で測られる[96]」。

プラットフォームチームは、少数のサービスを高い品質で提供することに集中するのが現実的だ。多数のサービスを提供していても、品質やレジリエンスの問題だらけでは話にならない。投入する労力と品質のバランス

を常に保たなければいけない。商用のプロダクトと同じように、プラットフォームでも複数のサービルレベルを提供できる。すべてのストリームアラインドチームが、ダウンタイムなし、自動スケール、自動リカバリーなどの「プレミアムレベル」サービスを要求しても、プラットフォームチームがそれに応えるのは困難だ。

> ### 💡 TIP
>
> ドン・レイネルトセンは、インフラストラクチャーとサービスに内部提供価格を使うことを推奨している。全チームがプレミアムレベルを要求するようになるのを避け、需要を制限できる。チームもしくはサービス単位のクラウドインフラストラクチャーのコストを追跡すれば、内部価格の決定に役立つだろう。

どこまでをプラットフォームとするかの境界には大きな幅がある。厚いプラットフォームでは、複数の内部プラットフォームチームが無数のサービスを提供していることもある。薄いプラットフォームでは、単にベンダーのソリューションに皮をかぶせただけの場合もある。良いプラットフォームの構成要素については本章の後半で議論する。

下位の機能のプラットフォームの例としては、新しいサーバーインスタンスのプロビジョニング、アクセス管理のツール、セキュリティ強制のためのツールの提供などが挙げられるだろう。ストリームアラインドチームは、使うには難しいスキルや多大な労力が必要かもしれないというリスクを心配することなく、使うかどうかの判断ができるようになる。

> ### 📖 NOTE
>
> プラットフォームは、インフラストラクチャー、ネットワークなどの下位の機能を横断的に抽象化していることが多い。最初のステップとしては素晴らしいが、本章でのちほど説明するように、プラットフォームはもっと上位での抽象化も可能だ。

● 期待されるふるまい

　ここまで見てきたとおり、プラットフォームチームのミッションは、ストリームアラインドチームが必要とする下位の内部サービスを提供することで認知負荷を減らし、ストリームアラインドチームがより上位のサービスや機能を提供できるようにすることだ。効果的なプラットフォームチームには、どんなふるまいやアウトカムが求められるかを以下に示す。

- プラットフォームチームは、ストリームアラインドチームと密接にコラボレーションし、ストリームアラインドチームのニーズを理解する
- プラットフォームチームは、高速プロトタイピングの手法を使い、ストリームアラインドチームのメンバーを巻き込んで、何がうまくいって何がうまくいかないかのフィードバックをすばやく得る
- プラットフォームチームは、プラットフォームをプロダクトとして扱い、提供するサービスのユーザビリティと信頼性に強くフォーカスする。定期的にサービスが目的にあっているか、使いやすいかを検査する
- プラットフォームチームは、手本を示すことでリードする。提供したサービスを可能ならストリームアラインドチームと一緒に使い、可能な限り（他のプラットフォームチームがオーナーである）下位のプラットフォームを利用する
- プラットフォームチームは、新しい内部向けサービスの採用には他の新技術と同じように時間がかかること、テクノロジー採用ライフサイクルの採用曲線に沿って進化することを理解している

CASE STUDY

Sky Betting & Gaming-プラットフォームフィーチャーチーム（その1）

マイケル・マイバウム、チーフアーキテクト、Sky Betting & Gaming

Sky Betting & Gaming（SB&G）は、The Stars Group を親会社に持つイギリスのカジノ運営企業で、本社をウェストヨークシャー州リードに置き、シェフィールド、ロンドン、ガーンジー、ローマ、ドイツにオフィスを構えている。1999 年の設立以来、オンラインギャンブルとゲームのイノベーションを促進する主要な役割を担ってきた。2009 年頃から、社内に技術要員を抱えるために多額の投資をしてきた。イノベーションの促進、デリバリーの効果向上、24 時間年中無休の運用のためだ。

　私が2012年に参加してからも、SB&Gは常にすばやく変化していた。当初SB&Gの技術部門はインフラストラクチャー中心の部門であり、サードパーティが開発したアプリケーションを動かすことに注力していた。2009年、しばらく比較的低成長の期間が続いたあと、もっと速く、もっとコントロールできる形にしなければいけないとビジネスサイドが判断を下した。

　私たちが内製するソフトウェアのデリバリーには、常にアジャイルなアプローチを採用してきた。成長するにつれ、多数の組織変更を経て、少数のスクラムチームから、多数のスクワッドとトライブ、サブトライブが存在するまでになった。早い段階で、仕事のやり方にDevOpsを取り入れ始めた。具体的なゴールを設定し、そのための「シード」チームから始めた。たとえば、ビルドとリリースツールの改善などがゴールだ。ソフトウェア開発だけが「アジャイル」でも、高い信頼性を維持しつつ効率よく稼働環境に届けられなければ問題が残ることに気がついたためだ。のちに、DevOpsをスクワッドの中心的なプラクティスとして活用するようになった。しばらくすると、専門のリライアビリティチームに進化した。その頃には、デリバリーチームに運用の人員が組み込まれるようにもなっていた。

　急成長のなかで、コンフィギュレーションマネジメント、サービスの信頼性向上、本番環境と同期したディザスタリカバリー環境の保守に必要なツールの提供などの問題を解決する必要があった。DevOpsの適応を行った経験から、ソフトウェアのバックグラウンドを持つ人たちとインフラストラクチャーのバックグラウンドを持つ人たちの双

方を含んだプラットフォーム進化チームを作った。プラットフォーム進化チームの最優先事項は、有名なChefというツールを利用したコンフィギュレーションマネジメントシステムの実装だった。既存システムのバックログに取り組み、新しいサービス、更新したサービスのロールアウトを支援しながら、「すべてをChefにする」ために働いた。

ほどなく、私たちは課題に気がついた。SB&Gの最初のChefの実装は、機能が一極集中したプロダクトだった。これは、急成長中で変化の激しい期間において、特定のゴール（DR環境を修復する）のためのものだった。だが、このような組織の成り立ちのせいで、重大な制約のもとで設計を進めることになった。多くの人が使うプラットフォームを制御するため、巨大なChefの環境に多数のツールセットが組み合わさっていた。すぐにあちこちで問題が起こり始めた。共有の依存性、優先度の違い、アップグレードの難しさ……。複数のチームで共有された密結合なシステムによくある問題だ（Chapter 8に続く）。

● 他の基本的なチームタイプでプラットフォームを構成する

大規模な組織では、プラットフォームの開発と運用が単一のチームでは足りないことがある（別々のストリームごとに固有のプラットフォームを持つ場合もある）。このような状況では、基本的なチームタイプ（ストリームアラインドチーム、イネイブリングチーム、コンプリケイテッド・サブシステムチーム、プラットフォームチーム）の集合がプラットフォームを形成する。つまり、プラットフォームもプラットフォーム上に作られるのだ（詳細は本章の後半で見ていく）。だが、プラットフォームチームが方向をそろえるストリームは、売上を生み出したり顧客に直接触れたりするメインのプロダクトやサービスのストリームではない。プラットフォームでは、ストリームはプラットフォーム内のサービスやプロダクトに関連するものになる。ロギング、モニタリング、テスト環境を作るためのAPI、リソースの利用状況を知るためのクエリなどだ。プラットフォー

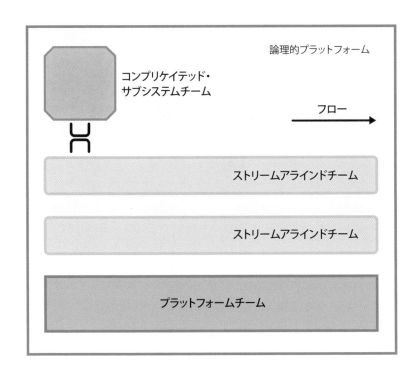

論理的プラットフォーム

コンプリケイテッド・
サブシステムチーム

フロー →

ストリームアラインドチーム

ストリームアラインドチーム

プラットフォームチーム

図 5.2　複数の基本的なチームタイプで構成するプラットフォーム

大規模な組織では、プラットフォームは複数の基本的なチームタイプで構成される。ストリームアラインドチーム、コンプリケイテッド・サブシステムチーム、下位のプラットフォームチームだ。

ムのプロダクトオーナーの視点で見ると、プラットフォーム内には明確な価値のストリームがあり、ストリームアラインドチームがプラットフォームの顧客（プラットフォームを利用するチーム）に価値を提供できるようになっている。プラットフォームを使うチームがプラットフォームの顧客なのだ（詳細は本章の後半で見ていく）。内部トポロジーを図5.2に示す。

　結果として、プラットフォーム内に入れ子構造もしくは「フラクタル」構造のチームが生まれる。これを私たちは、内部トポロジーと呼ぶことにした。ジェームズ・ウォマックとダニエル・ジョーンズは「プロダクト全

体を見通せる製造ラインのマネジャーは、バリューストリームのそれぞれのコースに責任を負っている複数の下位のバリューストリームのマネジャーと仕事をすることになる[98]」と言っている。プラットフォームの内部でも、それぞれの基本的なチームタイプへのガイドラインと推奨事項をそのまま適用している。

　開発チームの視点からは、プラットフォームはAPIを通じて利用するマシンやコンテナのプロビジョニング、ネットワーク設定といったサービスを提供する単一の存在である。しかしプラットフォームのなかには、複数の特別なチーム（ネットワーク担当、環境担当、メトリクス担当）がいて、コラボレーションしながら他のプラットフォームチームへのサービスを提供している。

　この「入れ子」アプローチは、ベテランのテクノロジストであるジェームズ・アーカートがSun MicrosystemsとCiscoでの経験をもとに説明した「レイヤー運用」に似ている。レイヤーアプローチでは、1つのチームがインフラストラクチャーのハードウェア（物理、仮想）を提供し、2つめのチームが、ベースインフラストラクチャー上で動作するサポートサービスにフォーカスする[99]（複数チームによるプラットフォームのアプローチの詳細は、Chapter 8を参照）。

CASE STUDY

Auto Traderで運用部門の反応性を高度に進化させる

デイブ・ホワイト、運用エンジニアリングリード、Auto Trader
アンディ・ハンフリー、顧客運用部門長、Auto Trader

Auto Traderは、イギリス最大の車両販売デジタルマーケットプレイスだ。イギリス内の車両の販売と購入のプロセスを改善し、継続的にエコシステムを進化させることで、顧客、小売店、メーカーにより良い体験を提供しようとしている。Auto Traderは100%デジタルビジネスだ。Auto Traderは1977年に地元の広告雑誌として創業し、顧客とともに成長、進化を続けてきた。2013年に、紙のビジネスから完全なデジタルマーケットプレイスへの移行を成功させた。2015年には、ロンドン証券取引所に上場し、現在はFTSE250種総合株価指数にも含まれている。

紙ベースの組織から100%デジタルビジネスへの移行では、Auto Traderにとって巨大な変化が必要だった。2013年、組織はサイロ化していて一体感はなかった。「ビジネス」はロンドンにあり、「IT」はマンチェスターで、200マイル近くも離れていたのだ。ITの仕事は大規模プロジェクトで、正社員ではなく請負業者を使って行われた。組織上のレポートラインは大きな問題となり、信頼関係を損なった。開発者は本番リリースの日にプロジェクトから去っていった。ソフトウェアシステムの運用に対する責任や、継続的な保守などの感覚は破壊されていた。

　悪いことに、新規ソフトウェア開発プロジェクトは設備投資（CapEx）として扱われ、IT運用は、運用費用（OpEx）と扱われていたため、開発部門と運用部門の大きな分断の原因となっていた。ソフトウェア開発（Dev）時間の90%はCapExに割り当てられていた。開発は「新しいものを作らなければいけない」と言われているに等しい。顧客のために必要なことに使える時間はなかった。開発の「ボス」はプロダクトマネジメントであり、サービスのユーザーではなかった。この状況を変えなければいけないことは理解していた。

　そこで2013年、全員をOpExに異動させた。OpExだけのモデルにすることで、全員が顧客に近い位置で働くようになり、会社が稼ぐための仕事をすればよい状態になった。「プロダクトマネージャーのために何か新しいもの」を作ることを考える必要はなくなり、ユーザーのニーズを満たすことだけ考えればよくなったのだ。OpExは意図的に組織に課した制約であり、結果として能力が向上することになった。800人の安定した労働力があり、巨大に成長する予定もなかったので、この安定した労働力を活用して、ソフトウェアアプリケーションとサービスを継続して保守できるようになったのだ。

　100%デジタルに移行するなかで、チームの形も、カスタマージャーニーのエンドツーエンドに責任を持ち、長続きする、多能工で構成されたスクワッドに移行した。大まかにSpotifyのモデルをもと

にしたが、コンテキストに合わせて変更した。継続的デリバリー（CD）のためのスペシャルチームも作った。自動デプロイパイプライン、テスト自動化、リッチなモニタリング、環境の自動プロビジョニングなどのCDプラクティスを他のチームも使えるように助けるためだ。最初のアプリケーションの完全自動デプロイは3か月かからずに完成したので、私たちはすぐに次のアプリケーションに取りかかった。イネイブリングチームがやらなければいけないことを深く理解するようになって、このチームをある種のプラットフォーム開発チーム（インフラストラクチャーエンジニアリングと呼んでいた）にすればよいことに気がついた。

2018年まで時を進めよう。インフラストラクチャーエンジニアリングは、開発チームの悩みを減らすプラットフォームを進化させていた。開発チームは、運用も含めてプロダクトやサービスをより制御できるようになっていた。プラットフォーム分野でも、いくつかの種類の違うスクワッドがあった。プラットフォームの機能のための新規プロダクトの開発にフォーカスするチーム（テスト駆動開発（TDD）、レトロスペクティブ、プロダクトオーナーのような標準的なアジャイル開発手法を利用）があったり、日々の運用業務にフォーカスするチームがあったりした。「DevOps」担当という人間はいなかった。経験を積んだ運用エンジニアが、実際に稼働しているサービスの問題を深く分析していた。すなわちインフラストラクチャーの領域でも、私たちがフォーカスするのは開発チームの仕事のフローだった。インフラストラクチャーとアプリケーションの変更がどのように顧客に影響するかが重要だったのだ。

プラットフォームのおかげで、スクワッドは目に見えるプロダクトの機能だけでなく、見えない運用の課題についてもフォーカスできるようになった。Auto Traderのようなモダンなデジタルプロダクトにとっては、非常に重要なことだった。おもしろいのは、開発スクワッドに運用の人間を入れるという多くの組織がやっているようなこと

は、当社では行わなかったことだ。代わりに、開発スクワッドには、運用「スクワッドバディ」がいた。運用の人間が定期的に特定の開発スクワッドに参加し、スタンドアップにも出席した。開発と運用をくっつける「のり」の役割を果たしていたのだ。

2013年以降、Auto Trader にはIT部門というコンセプトはなくなった。プロダクトと技術は同じ部署だ。1つの大きなチームなのだ。組織の他の部門にも、プロセス設計とフローにおけるリーン思考のアプローチをひろげてきた。経理部門、営業部門にもカンバンボードがありWIP制限を課している。営業部門は失注案件について、非難のない事後レビューも実施している！

変更フローのなかでチームサイロを避ける

ソフトウェアを速く安全に届けたいなら、単一職能からなるチームは避けるべきだ。これまで、多くの組織は単一職能からなる島や「サイロ」を作ってきた。たとえば以下のようなものだ。

- テストまたはQA
- データベース管理
- ユーザーエクスペリエンス（UX）
- アーキテクチャー
- データ処理（ETLなど）

長年、組織は専門の「運用」チームを作って、稼働中のシステムのあらゆることを扱わせるようにしてきた。変更フローを妨げ、ソフトウェアを開発したチームからの明確な引き継ぎが必要となり、結果的に変更の遅れを許容してきた。安全で速い変更フローを実現するには、このモデルは不適切だ。代わりに私たちは、稼働中のソフトウェアをサポート、運用するストリームアラインドチームと、ストリームアラインドチームのための下

位の「基盤」を提供するプラットフォームチームを組み合わせた。

　安全で速い変更フローに最適化された組織では、多能工型または職能横断型チームを変更のフローに沿って配置することが多い。私たちが、ストリームアラインドチームと呼んでいるチームだ。システムの一部が非常に複雑で、専門のコンプリケイテッド・サブシステムチームが必要となる場合もある（本章の前半を参照）。だが、そのようなチームがフローを妨げることはない。代わりにストリームアラインドチームにサービスを提供するのだ。フローのあとの段階で、他のチームに仕事を引き継いだりすることはない。

職能横断型チームによって、ものごとをシンプルに保つこと

　職能横断型ストリームアラインドチームを採用すると、非常に役に立つ副作用が得られる。ストリームアラインドチームは多様なスキルを持つ人たちから構成されているため、与えられた状況でいちばんシンプルでいちばんユーザーフレンドリーなソリューションを見つけ出そうとする強い力が働くのだ。ある領域での深い知識を必要とするソリューションは、ストリームアラインドチームの全メンバーが使えるシンプルでわかりやすいソリューションに及ばないことが多い。

良いプラットフォームは「ちょうどよい大きさ」

　ヘンリック・クニベルグが「顧客駆動プラットフォームチーム[100]」と呼んでいるチームが、うまく設計、運用されたプラットフォームを準備すれば、組織のソフトウェアデリバリー能力の向上に大きく貢献できる。だが、プラットフォームを利用するアプリケーションやサービスのニーズに応えるのが重要で、逆にしてはいけない。

　良いプラットフォームは、標準、テンプレート、API、実績のあるベストプラクティスを開発チームに提供し、すばやく効果的にイノベーションを進めるのに役立つ。良いプラットフォームは、開発チームが組織にとっ

て適切なことを適切なやり方で実施するのを楽にする。この原則は、ソフトウェアだけではなく、すべてのプロダクト開発に当てはまる。しかし、極めて多いのがプラットフォームの開発と運用を、以前システム管理者だった人たちにそのまま一任することだ。そこでは、アジャイルプラクティス、テスト駆動開発、継続的デリバリー、プロダクトマネジメントなどの適切なソフトウェア開発テクニックは使われない。組織から予算を割り当てられることもなければ、注意を向けられることもない。こんなプラットフォームでは、他のチームの助けになるどころか、足を引っ張ってしまう。

● 最低限のプラットフォーム

　いちばんシンプルなプラットフォームは、下位のコンポーネントやサービスについて書いた単なるWikiページ上のリストだ。下位のコンポーネントやサービスが常に確実に動作するのであれば、フルタイムのプラットフォームチームは必要ない。だが、下位の基盤が複雑になってくると、たとえすべてのコンポーネントやサービスがアウトソースされていても、プラットフォームチームが適切な抽象化を提供することで管理上のメリットがもたらされる。APIの新旧バージョンの調整などがやりやすくなるのだ。開発チームのニーズにあわせて個別のソリューションや統合を実施する必要のある組織では、プラットフォームチームの活動のスコープはさらに拡大する。

　どんな場合でも、最低限のプラットフォーム（TVP[5]）を目指すべきだ。プラットフォームが制約になるのは避けなければいけない。アラン・ケリーは「ソフトウェア開発者はプラットフォームを作るのを好む。プロダクトマネジメントからの確かな情報もなしに、必要以上に大きなプラットフォームを開発してしまう[101]」と言っている。TVPは、プラットフォームを小さく保つことと、プラットフォームが開発チームのソフトウェアデリバリーをシンプルにし加速できることの絶妙なバランスで成り立っている。

CHAPTER FIVE

---

5 訳注　TVP は Thinnest Viable Platform の頭文字を取ったもの

● 認知負荷の低減とプロダクト開発の加速

　ここ数十年で成功したソフトウェアテクノロジープラットフォームを挙げてみよう。Intel 8086プロセッサー、Linux、Windows、Borland Delphi、Java仮想マシン、.NET Framework、Pivotal Cloud Foundry、Microsoft Azure。最近では、IoTプラットフォームのbalena.ioやコンテナプラットフォームのKubernetesも該当するだろう。これらのプラットフォームは、下位のシステムの複雑度を減らしつつ、必要な機能を開発チームに提供することで成功している。コンウェイの言う「開発者の生活をシンプルに[102]」し、認知負荷を減らす（Chapter 3参照）という力は、良いプラットフォームが必ず必要とする特性である。

　開発チームの認知負荷の低減を目指すことで、良いプラットフォームは、開発チームが問題の識別に集中するのに役立つ。結果として、個人とチームレベルのフローが向上し、チーム全体がより効果的に働けるようになる。Conde Nast Internationalのケンイチ・シバタは、「プラットフォームでいちばん重要なのは、開発者のために開発されていることだ」と語っている[103]。

● 一貫性と説得力を併せ持つ適切なプラットフォーム

　プラットフォームの開発で陥ることが極めて多い落とし穴は、チームのニーズと切り離してしまうことだ。プラットフォームチームは、ユーザーエクスペリエンス（UX）、とりわけデベロッパーエクスペリエンス（DevEx）にフォーカスする必要がある。ケンイチ・シバタは「開発者はフラストレーションをためていることがある……。プラットフォームについてのフィードバックをプラットフォーム開発者に返す道筋が必要だ。さもないと、プラットフォームは会社の他の部分から孤立してしまう。プラットフォームの適用に大変な苦労をすることになる[104]」と言っている。

　UXやDevExに注意を払うことで、プラットフォームを使わないという選択肢がなくなっていく。プラットフォームのAPIやフィーチャーの動作は一貫性を持ったものになる。ハウツーなどのドキュメントは、包括的で

ありつつ冗長ではなく、最新の状況を反映していて、達成すべきタスクにフォーカスして書かれている必要がある。プラットフォームの隅から隅までを記述する必要はない。

　プラットフォームは開発チームの「邪魔にならない」ようにする。開発チームが開発する上での前提条件をなるべく少なくするのだ。新しい開発者がプラットフォームを使い始めるのがどれだけ簡単かどうかは、DevExの達成状況についての良いテストになる。

● 下位のプラットフォーム上に作る

　どんなソフトウェアアプリケーションもソフトウェアサービスも、プラットフォーム上で作られている。プラットフォームが隠されていて見えないこともあるし、開発チームが気づいていない場合もあるが、プラットフォームは常にそこにある。哲学的な表現をすれば、「下には常に亀がいる」だ。

　ソフトウェアのコンテキストで考えると、このメタファーは、プラットフォームの下位には見えなかったり隠されていたりしても、常に別のプラットフォームがあるということだ。下位のプラットフォームが適切に設定されていなかったり、不安定だったりすると、上位のプラットフォームの安定性も失われる。組織のための強固なプラットフォームとしての機能は果たせなくなり、ソフトウェアデリバリーを加速することもできなくなる。下位のプラットフォームの運用に変な癖があったり、パフォーマンスに問題があったりする場合は、プラットフォームチームは、緩和のための抽象化レイヤーを構築したり、運用課題の回避方法を設定したりしなければいけない。問題にぶつからないようにするため、開発チームに問題を知らせる必要もあるかもしれない。これは、スタッフォード・ビーアが古典『Brain of the Firm』で説明したマルチレイヤーの実行可能システムモデル（VSM）に対応する。

● 稼働中のプロダクトやサービスのように管理する

　プラットフォームにはユーザー（開発チーム）がいて、運用対応の時間（開発チームが使う時間）も決まっている。ユーザーはプラットフォームの信頼性に依存するようになり、プラットフォームにいつ新しい機能が足され、古い機能が削られるのかを知る必要が出てくる。それゆえ、開発チームがなるべく効果的に働けるようにするには、次のことを行う必要がある。（1）プラットフォームを稼働中のシステムとして扱い、ダウンタイムを計画し管理する。（2）ソフトウェアプロダクトマネジメント、サービスマネジメントのテクニックを使う。

　プラットフォームを稼働中のシステムとして扱うなら、他の稼働中のシステムと同じように通常の活動、プラクティスを実践する必要がある。運用対応の時間を決め、インシデントやサポートの対応期限を定め、プラットフォームサポートのオンコールのローテーションを設定し、適切なコミュニケーションチャネルを用意して、インシデントと計画外ダウンタイムを管理することなどだ。プラットフォームが成長するのに合わせて、組織の開発チームが実際に必要としていることや外部から調達できることを再確認するのは有効だ。プラットフォームチームが増え続ける運用サポートで忙殺されるのを防げる。ケンイチ・シバタが言うように、「プラットフォームチームの主要顧客はプロダクトチーム[106]」なのだ。

　ユーザーと運用対応の時間が決まっている稼働中のソフトウェアシステムをどう管理したらよいだろうか？　ソフトウェアプロダクトマネジメントのテクニックを使えばよい。プラットフォームにも、プロダクトマネジメントの実践者が整理したロードマップが必要だ。作成するときはユー

ザー、つまり開発チームの参加が望ましい。参加できなくても、ニーズが伝えられている必要がある。プラットフォームチームはほぼ確実にユーザーペルソナを使うことになる（ウェブ開発者のサミール、テスターのジェニファー、プロダクトオーナーのマニ、サービスエクスペリエンスエンジニアのジャックなど）。ユーザーペルソナによって、プラットフォームチームは典型的なユーザーのニーズ、課題、ゴールに共感できるようになる。プラットフォームチームのメンバーは、定期的に開発チームを始めとした顧客と話し合い、何が必要かを理解しようとする。

　重要なのは、プラットフォームの「プロダクト」としての進化は、開発チームからの機能要望だけからもたらされるわけではないということだ。長期的にニーズを満たすために、注意深く整理する必要がある。機能の利用度合いをメトリクスとして追跡し、対話と優先度設定に利用する。開発チームが欲した機能の単なる集合がプラットフォームになるわけではない。業界の技術動向と組織のニーズを踏まえ、全体として一貫性を保ちながら精巧に開発されるものだ。良いプラットフォームは、セキュリティチーム、監査チームが開発チームと行う仕事も減らすことができる。

これまでのチームを基本的なチームタイプに変換する

　チームの定義と目的に関する透明性を改善することでメリットがある組織は多いだろう。実は、4つの基本的なチームタイプをチームに割り当てるだけで、ほとんどの組織では大きな効果が得られる。チームがどのチームタイプになるかを認識することで、チームの最良の働き方を理解し、トポロジーのパターンにしたがって目的とふるまいを変えていけるようになるからだ。

● ほとんどのチームを長続きする柔軟なストリームアラインドチームにする

　フローに最適化された組織では、ほとんどのチームは、多能工で構成され長続きするストリームアラインドチームにすべきだ。チームは、機能の

適切なスライスもしくは特定のユーザーアウトカムにオーナーシップを持ち、ビジネス側の担当者や他のデリバリーチームと強い関係を継続して築く。ストリームアラインドチームは、イネイブリングチーム、プラットフォームチーム、コンプリケイテッド・サブシステムチームの支援を受けて、能力にあった認知負荷を担うことが期待できる。

● インフラストラクチャーチームをプラットフォームチームに

これまで、多くのインフラストラクチャーチームは、デプロイされたアプリケーションの変更も含めて、稼働中のインフラストラクチャーのすべての責任を負っていた（図5.3）。

インフラストラクチャーチームをプラットフォームチームに変換することで、プラットフォーム内、そしてさらに重要なストリームアラインドチーム内の変更フローをより安全かつ速くすることができる。

インフラストラクチャーチームをプラットフォームチームに変換するのは、シンプルでも簡単でもない。プラットフォームは実績のあるソフトウェア開発テクニックを使って管理すべきプロダクトであって、インフラストラクチャー担当の人間にとっては極めて馴染みの薄いものだからだ。だが、本章にあるさまざまな例からもわかるとおり、このアプローチはうまくいく。

● コンポーネントチームをプラットフォームチームもしくは別の種類のチームにする

技術コンポーネントに基づくチームは、解散して仕事をストリームアラインドチームに引き渡すか、もしくは別の種類のチームに変える必要がある。コンポーネントが下位の「プラットフォーム」コンポーネントであれば、プラットフォームチームに合流させるとよい。ストリームアラインドチームがコンポーネントを簡単に扱えるなら、技術コンポーネントにもとづくチームをイネイブリングチームにしてもいいし、ストリームアラインドチームが扱うには複雑すぎるのであれば、コンプリケイテッド・サブシ

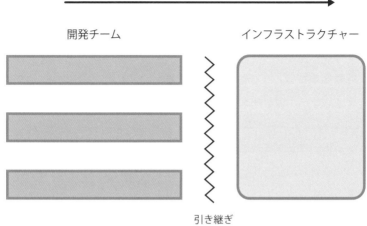

フロー

開発チーム　　　　　　　　　　インフラストラクチャー

引き継ぎ

図5.3　これまでのインフラストラクチャーチームの組織

右側のこれまでのインフラストラクチャーチームは、ITIL 変更管理プロセスなどによって、ア
プリケーションの変更も含めたすべての稼働中のインフラストラクチャーの変更に責任を負う
ため、フローをブロックすることが多かった。左側の開発チームの作業は、インフラストラク
チャーチームや運用チームに引き継がないとデプロイできず、フローを妨げている。

ステムチームにするのもよいだろう。いずれの場合でも、チームタイプに
応じた適切なふるまいとインタラクションモードを身に付ける必要がある。

 TIP

　ソフトウェアを速く安全にデリバリーできている組織では、ほとんどの
チームはストリームアラインドチームだ。ストリームアラインドチーム以外
のチームの数は、ストリームアラインドチームの7分の1から10分の1に
すぎない。成功している組織についての報告を踏まえると、ストリームアラ
インドチームとそれ以外のチームの数の比は、6：1から9：1になるのが
適切だろう。

　たとえば、データベース管理チームは、ソフトウェアアプリケーション
レベルの仕事を止め、データベースのパフォーマンス、モニタリングなど

の知見をストリームアラインドチームに広める活動にフォーカスすることで、イネイブリングチームになれる。データベース管理チームをプラットフォームチームの一部にし、データベースのパフォーマンス、構成、可用性などについての専門的なサービスを提供するようにした組織もある。そのような組織では、データベース管理チームがスキーマの変更やアプリケーションレベルのデータベースの課題に責任を負うことはなくなる。

「ミドルウェア」チームも同じように、ミドルウェアをカスタマイズ、シンプル化、ラップすることで組織の主要なゴールに合った利用しやすいセルフサービスにし、ストリームアラインドチームにとって使いやすく、開発者の認知負荷を下げられるものにできれば、プラットフォームチームになれる。

● ツールチームをイネイブリングチームもしくはプラットフォームチームの一部にする

ツールチームは、当初のチームへの指示が明確でなかったり、活動期限が定められていなかったりすると、容易にサイロ化したツール保守チームになってしまう。ツールへの愛着があるとしても、メンバーのテクニカルスキルは陳腐化し、本当のニーズに基づかないなりゆきの小さな改善のために労力を浪費してしまう。

ツールチームは、明確な目的を設定した短期間のイネイブリングチームとして運営するか、明確なロードマップを持つプラットフォームチームの一部として運営するほうがよい。

● サポートチームを変換する

これまで多くの組織はサービス横断的な単一のチームを割り当てて、稼働中の環境のアプリケーションやサービスのサポートを提供していた。システムの変化がそれほど速くなく、それほど複雑でないうちは、組織はこのやり方でサポートチームに割り当てる人数とスキルを節約できた。

だが、ソフトウェアシステムが常に激しく変化する状況において、変更

フローをより安全に速くするため、成功している組織はサポートチームの構成と配置を見直し始めている。うまくいっているITサポートのモデルには2つの特徴がある。（1）サポートチームが変更のストリームに沿って配置されている。（2）サービスインシデントに対しては動的にチーム横断で活動する。このモデルでは、専任のサポートチームが必要な場合は、変更のストリームに沿って、ソフトウェアを開発しているスクワッドやチームの隣に配置される。サポートにフォーカスするチームは、同じ変更のストリームに沿っているチームのトライブやファミリーのなかに配置される。この状況では、サポートを提供するチームは、サービス全体のユーザーエクスペリエンスを認識するようになり、ITやソフトウェアの範囲を超えたエンドツーエンドのトランザクションのモニタリングを追加したりするようにもなる。このようなチームを「サービスエクスペリエンスチーム」と改名した組織もある。エンドツーエンドのユーザーエクスペリエンスは単なるITシステムの範囲を大きく超えるものになるからだ（図5.4）。

　稼働中のシステムでインシデントが発生したら、サポートチームは、ストリームエリア内で単独で問題を解決しようとする。問題がストリームエリア内にとどまるものであれば、他のチームを巻き込む必要はない。必要に応じて、他のサポートチームを招集して問題を分析する。インシデントが多数のチームに影響するのであれば、いろいろなサポートチームからスペシャリストが集まって動的な「スウォーム」もしくは「インシデントスクワッド」を組織し、問題の選別や早急なサービスの回復を目指す。サービスマネジメントの専門家であるジョン・ホールによれば、他にもメリットがある。

　「経験の少ない最前線のサポートスタッフをスウォーミングに混ぜることで、昇進するまで得られなかった経験や知識を身に付けられる[107]」。

　これらの2つの異なる視点は、2つの重要な影響がある。（1）サポートチームをストリームに沿わせることで、ストリームを可能な限り独立した（あるべき）状態に保ちやすい。実行時になるべく独立して動けるよう

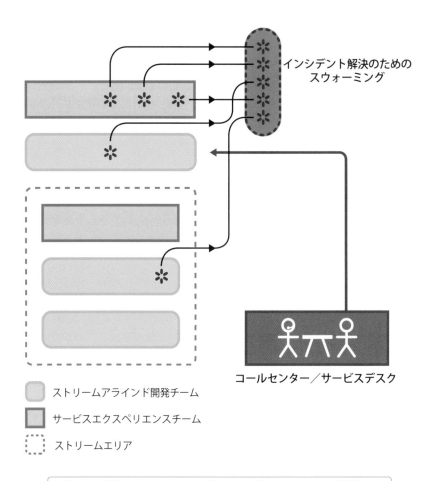

インシデント解決のための
スウォーミング

コールセンター／サービスデスク

▢ ストリームアラインド開発チーム

▢ サービスエクスペリエンスチーム

⬚ ストリームエリア

図5.4　変更のストリームに沿ってサポートチームを配置する

サポートチームの新しいモデル：変更フローに沿って配置される。ストリームアラインドチームとペアで配置されることも多い。インシデントは、ダイナミックな「スウォーミング」で対応する。

にシステムを設計する強いインセンティブとなるからだ。これは結果的に、単一のチームにすべての稼働中のシステムのサポートを任せた場合に起こりがちな、コンウェイの法則の「モノリス化」の影響を避けることになる。（2）ソフトウェアシステムに新たに見つかった制約や瑕疵をすばやく認知し共有できる。それぞれのストリームのサポートチームは、得た

知見をすばやく開発チームにフィードバックとして伝えられる。

> **📖 NOTE**
>
> 　ユーザーと対面や電話で直接接触する必要のある組織は、コールセンターやサービスデスクをそのまま維持することになる。それでも、変更フローや稼働中のシステムの情報のフローを邪魔しないようにしつつ、システムの近くにサービスデスクを配置することはできるはずだ。そうすれば、稼働中のシステムに関わる情報をストリームアラインドチームに戻せるようになる。

● アーキテクチャーとアーキテクトを変換する

　アーキテクチャーチームが必要な場合、最も効果的に使えるパターンは、パートタイムのイネイブリングチームだ。パートタイムにすることが重要だ。多くの判断は実装チームが行うべきで、アーキテクチャーチームが行うべきでないことを明確にするためである。他のチームのメンバーを集めてバーチャルチームを構成している組織もある。このバーチャルチームは定期的に集まり、システムのアーキテクチャーの進化について議論する。Spotifyが使うギルドやチャプターとよく似ている（Chapter 4参照）。

　重要なのは、モダンなソフトウェア開発において、アーキテクチャーチームは、他のチームに設計や技術選択を強制するのではなく、他のチームが効果的に働けるようにサポートするチームであるべきということだ。『LeanとDevOpsの科学』で、ニコール・フォースグレン、ジェズ・ハンブル、ジーン・キムは、こう語っている。「アーキテクチャーの設計担当者は、そのアーキテクチャーの使い手、すなわち組織が使命を全うするためのシステムを構築、運用する担当エンジニアと密接に協力し、そうしたエンジニアがより良い結果を出せるように助け、そうした結果を出せるツールと技術をエンジニアに供給すべきである。[108]」

　アーキテクチャーにフォーカスしたパートタイムのイネイブリングチームの重要な役割は、コンウェイの法則を考慮しつつチーム間の効果的なAPIを発見し、チーム対チームのインタラクションの形を設計することである（アーキテクチャーについてはChapter 7で扱う）。

疎結合でモジュラー化された４つのチームタイプを使う

ソフトウェアデリバリーの速度、継続可能性に問題を抱えている組織の多くは、多様な種類のチームにさまざまな（たいていは曖昧な）責任範囲を組み合わせている。この問題を回避するため、チームをたった４種類、つまりストリームアラインドチーム、イネイブリングチーム、コンプリケイテッド・サブシステムチーム、プラットフォームチームに制限する。個人レベルと組織レベルでのフローを促進することがわかっているチームインタラクションのパターンに集中させるのだ。

単純ではないソフトウェアシステムを開発運用している組織は、チームに稼働中のシステムの状況や問題を知らせ、チームが安全で速い変更フローに最適化できるようにしなければいけない。すなわち、ほとんどのチームは疎結合で、変更のフロー（ストリーム）に沿って配置される必要がある。そして、担当のプロダクトやサービスにおいて、ユーザーエクスペリエンスを満たした形で、利用可能な機能を届けられるようになっていなければいけない。

ストリームアラインドチームがこのような速いフローを達成する助けとなるのは、イネイブリングチーム（障害やチームをまたぐ課題を認識し、新しいアプローチの採用を容易にする）、コンプリケイテッド・サブシステムチーム（必要に応じて、スペシャリストの深い知識をシステムの特定の場所に反映する）、プラットフォームチーム（ストリームアラインドチームがソフトウェアプロダクトやサービスをスムーズに開発運用できる下位の「基盤」を提供する）である。

ソフトウェアシステムを開発し運用するチームのタイプと責任を標準化することにより、フロー向上の助けになる。ほとんどのチームをストリームアラインドチームとし、イネイブリングチーム、コンプリケイテッド・サブシステムチーム、プラットフォームチームから能力とスキルのサポー

トを受けられるようにできるからだ。

プラットフォーム自体も同じようにプロダクトやサービスとして運用される。実績のあるソフトウェアプロダクトマネジメントテクニックを使って仕事を優先順位付けし、プラットフォームのユーザー（ストリームアラインドチームがほとんどだ）と定期的に対話し、UXやDevExに強くフォーカスする。プラットフォームも、内部ストリームアラインドチーム、イネイブリングチーム、コンプリケイテッド・サブシステムチーム、場合によっては下位のプラットフォームチームで構成される。チームタイプとインタラクションは、プラットフォームを利用するチームとまったく同じだ。

速いフローの実現を目指してストリームアラインドチームのエンパワーメントに注力しよう。これはすべてのチームに共通するミッションだ。そうすれば、組織内のあらゆるレベルで判断が行われるようになる。

CHAPTER 6

チームファーストな境界を決める

Choose Team-First Boundaries

> 「物事を正しく保つのに失敗したということが最終的に判明するのは、稼働
> 中のコードが正しく機能しなくなる時である。しかし、問題は、チームが
> 編成され、人々が交流するそのやり方から始まっているのだ」
>
> —— エリック・エヴァンス、『エリック・エヴァンスのドメイン駆動設計』
> （翔泳社、2011 年）

　それぞれのチームが、多くのチームと網目のように複雑なやりとりを必要とすると、フローの達成が難しくなる。ソフトウェアシステムの速い変更フローを実現するには、チーム間の引き継ぎをなくし、ほとんどのチームを組織内の主要な変更のストリームに沿って配置しなければけない。だが、多くの組織がチームの責任境界に大きな問題を抱えている。チームの適切な境界について考慮されることはほとんどなく、オーナーシップの欠如、エンゲージメントの低下、デリバリー速度の極端な低下といった結果を招いている。

　本章では、ソフトウェアシステム内もしくはソフトウェアシステム同士の適切な境界を定義し、それを掘り下げていく。そうすることで、チームは、フローを促進するようなやり方でシステムの一部を効果的かつ持続的に保有し、進化させることができるようになる。このテクニックはモノリシックなソフトウェアでも、すでに疎結合になっているソフトウェアでも同じように適用可能だ。境界はチームのサイズにあったものであることが極めて重要だ。ソフトウェアとシステムの境界を個々のチームの能力に

あったものにすることで、オーナーシップとソフトウェアの持続的な進化がより現実的なものになるのだ。

チーム間の責任の境界を注意深く探って検証し、ドメイン駆動設計や「節理面」のようなテクニックを活用することで、ソフトウェアアーキテクチャーを問題ドメインに合わせ、変更フローが速く流れるようにし、社会工学的システムをよりすばやく効果的に進化させる能力を組織に提供する。

ソフトウェアの責任と境界に対するチームファーストのアプローチ

ソフトウェアのデリバリーにおける多くの問題は、チーム間の境界とチームごとの責任が誤って不明瞭になったことに起因する。この問題は、コンウェイの法則のとおり、(たとえドキュメントでは、アーキテクチャーが高度にモジュール化されていて、拡張可能だとされていても)パーツ間の結合度が高いソフトウェアとなって現れることが多い。一般的に、このようなシステムを「モノリス」と呼ぶ。

『LeanとDevOpsの科学』が取り上げた研究では、密結合のアーキテクチャーが、責任が明確で自律的なチームを持つ上で悪影響を与えることを実証している。著者は、そのようなアーキテクチャーを分離するのに役立つアーキテクチャー的なアプローチについて、「目指すべきは『〈チーム間のコミュニケーションをさほど要さずに、設計からデプロイまでの作業を完遂できる能力〉を促進するアーキテクチャを生み出すこと』なのである。この戦略を可能にするアーキテクチャ面でのアプローチとしては『コンテキスト境界とAPIにより、大規模なドメインを、より小規模、より疎結合なユニットに分割する』(中略) などが挙げられる」としている[109]。

だが、モノリシックなソフトウェアシステムを疎結合のサービスに変えたい場合、新しいアーキテクチャーが、関係するチームにどう影響を与えるのかも考えなければいけない。チームの認知容量、所在、新しいサービスへの関心度合いを考慮に入れる必要があるのだ。

チームのことを考慮に入れないで進めると、モノリスを間違った形で分割したり、サービス同士の依存性が高い複雑なシステムを作り出したりするリスクがある。これは「分散モノリス」と呼ばれ、すべての変更で他のサービスの更新が必要となり、サービスの自律性を欠く。Chapter 4で紹介したAmazonのサービスチームの例は、望ましいサービスの独立性を達成するには、チームインタラクションを考慮し、ガイドする必要があることを示している。

隠れモノリスと結合

モノリシックなソフトウェアにはさまざまな種類のものがあり、そのなかには最初に見つけるのが難しいものもある。たとえば、多くの組織では時間と労力をかけてモノリスアプリケーションを小さなサービスに分割するが、デプロイパイプラインの先でモノリスなリリースを生み出すだけで、すばやく安全に進める機会を逃している。変更に取りかかる前に、自分たちがどんな種類のモノリスを扱うのかを十分に認識しておかなければいけない。

● アプリケーションモノリス

アプリケーションモノリスは多くの依存関係や責任を持つ単一かつ巨大なアプリケーションで、多くのサービスやさまざまなユーザージャーニーを外部に公開しているものである。このようなアプリケーションは単一のものとしてリリースされるのが普通で、頭痛のもとになる。ユーザーはデプロイの間アプリケーションを使えない。運用担当者は、本番環境が安定せず予期せぬ問題に悩まされる。たとえそのモノリスを疑似本番環境でテストしていたとしても、そのあとに変わってしまっているためだ。

● データベース結合モノリス

データベース結合モノリスは、同一のデータベーススキーマと結合して

いる複数のアプリケーションやサービスから構成されており、それぞれ別々に変更、テスト、デプロイするのが難しい。これは、組織がサービスではなくデータベースをコアのビジネスのエンジンだと考えている場合に発生することが多い。1つか複数のデータベース管理チームがあり、データベースの維持だけでなく、変更の調整も行うのが一般的だ。人手が不足していることが多く、彼らがデリバリーにおける大きなボトルネックになる。

● モノリシックビルド（すべてをリビルド）

モノリシックビルドでは、コンポーネントの新バージョンのために、単一の巨大な継続的インテグレーション（CI）でビルドを行う。アプリケーションモノリスがモノリシックビルドをもたらすが、小規模なサービスでも同じ問題は起こりうる。コンポーネント（パッケージやコンテナ）間の依存関係を管理する標準的な仕組みを使うのではなく、コードベース全体をビルドするようなビルドスクリプトになっているような場合だ。

● モノリシックリリース（すべてをまとめてリリース）

モノリシックリリースは、小さなコンポーネントをまとめて「リリース」する。コンポーネントやサービスはCIで独立してビルド可能でも、サービスのモックは使わず共有の固定環境でしかテストできない場合、全コンポーネントの最新バージョンをまとめて同一の環境に導入することになる。コンポーネント一式をひとかたまりとしてデプロイすることで、テストしたものが本番環境でも実行されるという確証を得るのだ。このアプローチは、別のコンポーネントのテストを担当する独立したQAチームの存在によることもある。QAチームのキャパシティが限られていて、複数のサービスの変更をまとめて行うことが理にかなっていると考えるためだ。

● モノリシックモデル（画一的な視点）

モノリシックモデルとは、単一のドメイン言語と表現（フォーマット）

を多くのさまざまなコンテキストに強制的に適用しようとするソフトウェアのことだ。小さな組織では、チームが明示的に同意している場合であれば、この手の一貫性を重視するのは理にかなっている。だが、組織内のチームやドメインが片手で収まらない数になると、意図せずアーキテクチャーや実装の制約になる可能性がある。

● モノリシック思考（標準化）

モノリシック思考とはチームの「画一的」な考え方のことで、技術面やチーム間の実装アプローチにおける不要な制約を生み出す。ばらつきを最小限にするために何でも標準化すると、エンジニアリングチームの管理は楽になるが、これはとてもコストがかかる。優れたエンジニアは新しいテクニックや技術を学習できるし、学習したがっている。単一の技術スタックやツールを強制し、チームの選択の自由を奪うと、仕事で適切なツールを使う能力に大きな悪影響を及ぼし、モチベーションを阻害したり、ときにはモチベーションを消し去ったりしてしまう。『LeanとDevOpsの科学』のなかで著者は、チームに標準化を強制することで学習や実験が減り、その結果貧弱なソリューションの選択につながるという研究結果に言及している[110]。

● モノリシックワークスペース（オープンプランオフィス）

モノリシックワークスペースとは、地理的に同じ場所にいるすべてのチームや個人に適用する単一のオフィスレイアウトのパターンのことだ。全員に1人ずつ隔離されたワークスペース（キュービクル）を割り当てたり、机の間に仕切りのないオープンプランオフィスに全員を集めたりすることが多い。

オフィスのレイアウトは標準化すべきだという考え方が広まっている。建設業者の作業は単純になるかもしれないが、個人やチームには何かにつけて悪影響を及ぼす可能性がある。オープンプランオフィスがコラボレーションを促進するという通説もある。だが、採用した2つの組織での調査

の結果、それは否定されている。対面でのやりとりが大幅に減少（約70%）し、それに伴って電子的なやりとりが増加したのだ[111]。必要なのは、いる場所を同じにするだけでなく、目的を同じにすることである。経験上、それを誤解しているとこのような問題が起こる。チームファーストのオフィススペースのレイアウトについての詳細はChapter 2を参照してほしい。また、さまざまなチームインタラクションモードについてはChapter 7で詳しく説明している。

ソフトウェアの境界、または「節理面」

いずれの種類のモノリスにもデメリットがあるが、ソフトウェアを複数チーム間で分割する場合にも、注意しなければいけない危険なポイントがある。ソフトウェアを分割すると、分割後のパーツ間で一貫性が減り、複数のサブシステム間で誤ってデータの重複を起こす可能性があるのだ。ユーザーエクスペリエンス（UX）の整合性に気を配らないでいると、複数のパーツにまたがるところでUXが低下するかもしれないし、ソフトウェアを分散システムに分割すると複雑さが増すかもしれない。

まず理解しなければいけないのは、節理面とは何なのかだ。節理面は、ソフトウェアシステムを簡単に複数に分割できる自然な継ぎ目のことだ。このようなソフトウェアの分割は、特にモノリシックなソフトウェアで役に立つ。モノリスという言葉はギリシャ語から来ていて、「1つの石」を意味する。伝統的な石工は、石を特定の角度で叩き、自然の節理面を利用して岩をきれいな断面で分割していく。ソフトウェアでも同じような節理面を探せば、ソフトウェアの境界となるような自然な分割点が見つかるはずだ。

通常は、ビジネスドメインの違いとソフトウェアの境界を合わせるのが最善だ。モノリスは技術的な観点で見ても問題が多い。特に、時間とともに構築やテスト、問題の修正にだんだん時間がかかるようになり、価値をデリバリーする速度が遅くなっていく点が問題だ。もし、このようなモノ

リスが複数のビジネスドメインを支配していれば、大惨事になること間違いなしだ。優先順位付け、仕事のフロー、ユーザーエクスペリエンスに影響を与える。だが、ビジネスドメイン以外にも、ソフトウェアでは複数の節理面の候補がある。私たちは、さまざまな節理面を組み合わせることで、モノリスを分割していくべきだし、そうすることが可能だ。

● 節理面：ビジネスドメインのコンテキスト境界

ほとんどの節理面（ソフトウェアの責任境界）はビジネスドメインで境界づけられたコンテキストに合わせるべきだ。境界づけられたコンテキストとは、大きなドメインモデルやシステムモデルを小さなパーツに分割する単位のことで、それぞれ内部的には一貫したビジネスドメイン領域を表している（この用語は『エリック・エヴァンスのドメイン駆動設計』のなかで紹介されている[112]）。

マーチン・ファウラーは、境界づけられたコンテキストがドメイン領域において内部で一貫したモデルを持たなければいけないことを以下のように説明している。

> DDD（ドメイン駆動設計）とは、下位のドメインのモデルに基づいてソフトウェアを設計することである。モデルはユビキタス言語となって、ソフトウェア開発者とドメインエキスパートのコミュニケーションを助ける。またモデルは、ソフトウェアの設計、つまりオブジェクトやファンクションに分割するときの概念的な基盤にもなる。モデルが効果的であるためには、モデルに統一感が必要だ。つまり内部的に一貫性を保っていて、矛盾がないようにするのだ[113]。

書籍『Designing Autonomous Teams and Services』のなかで、DDDの専門家ニック・チューンとスコット・ミレットはオンライン音楽ストリーミングサービスを例に挙げている。このサービスは、メディアディスカバリー（新曲を見つける）、メディアデリバリー（リスナーに音楽を届ける）、ライセンス（権利管理とロイヤリティの支払い）という3つのサブドメインを持ち、ビジネスに沿ったものになっている[113]。

境界づけられたコンテキストを特定するには、多くのビジネス知識と技術的な専門知識が必要だ。そのため、最初は間違いやすい。だが、コンテキストを深く理解できるようになったら、改善や適応に躊躇してはいけない。サービスの再設計の「コスト」が繰り返しかかってくるような状況であってもだ。私たちの設計には何らかの意味論的な結合があることが多い。マイケル・ナイガードは、「ある概念が不可分のように思えるのは、単にそれを表す1つの単語があるからだ。しっかり考えれば、概念を分解できる継ぎ目を見つけられるはずだ」としている[115]。つまり、境界づけられたコンテキストでシステムを分割する場合は、漸進的な進化が予想される。

　DDDを適用する他の利点としては、あるビジネスドメインの境界づけられたコンテキストにおいて、中心にある複雑性と機会に集中できること、考えるべきドメインが小さくなったため、ビジネスエキスパート同士のコラボレーションによってモデルを探索できること、これらのモデルを明示的に表現するソフトウェアを作れること、ビジネスオーナーとエンジニアの双方が境界づけられたコンテキストのなかで、ユビキタス言語を話せるようになることなどが挙げられる。

　まとめると、ビジネスドメインによる節理面は技術とビジネスの足並みをそろえ、用語のミスマッチや「ロスト・イン・トランスレーション[6]」の問題を減らし、変更フローを改善し再作業を減らすのに役立つ。

● 節理面：規制遵守

　金融業界や医療業界のように規制の厳しい業界では、規制の要件がソフトウェアにおける厳しい境界になることが多い。規制によって、クレジットカードの決済や取引報告などのソフトウェアの監査、ドキュメント、テスト、デプロイにおいて、組織が特定のメカニズムを採用するように求められるのだ。

---

6 訳注　翻訳によって本来持つ意味が失われてしまうこと

一方で、さまざまなシステムでこれらのプロセスのばらつきを最小にするのは良い考えだ。たとえば、システムや変更の種類に応じて、異なるリリースプロセスやデリバリープロセスを適用しなければいけない場合を考えよう。この場合でも、人手による承認や作業を含んだプロセスをデリバリーパイプラインに常に割り当て、パイプラインへの適切なアクセス制御を行う。そうすることで、監査要件のほとんどを満たしつつ、すべてのシステムの変更のトレーサビリティーが確保できる。

　また一方で、システムの重要でない領域まで厳しい要求の遵守を求めるべきではない。規制の対象となるモノリスをサブシステムに分割したり、フローを分離したりするのが、自然な節理面となる。

　たとえば、Payment Card Industry Data Security Standard（PCI DSS）では、クレジットカードデータの要求と保存に対するルールを定めている。PCI DSSへの準拠はカードデータ管理用のサブシステムだけに適用すべきであって、この要求は支払い機能を含むモノリス全体に適用すべきものではない。規制遵守という節理面に沿って分割することで、監査とコンプライアンスが容易になり、監視の範囲を減らすことができる。

　最後に、特に大規模組織におけるチームの組成とチームインタラクションにも触れておこう。モノリスを担当する大きな単一のチームでは、コンプライアンスや法務チームはプランニングや優先順位付けの会議にたまに参加するだけというのが一般的だ。チームに専属で参加するほどの仕事量がないからである。サブシステムに分割すると、コンプライアンスや法務分野のビジネスオーナーを含んだ小規模なコンプライアンス特化チームを抱えることが、にわかに意味を帯びてくる。

● 節理面：変更のケイデンス

　もう1つ別の節理面は、システムのなかで違う頻度で変更が必要になるところだ。モノリスの場合、全体の速度は、いちばん遅い部分の速度になる。新しいレポーティング機能は四半期に1度だけ必要で、そのタイミングでしかリリースしない場合、他の種類の機能をそれ以上の速度でリリー

スするのは不可能ではないにせよとても難しい。コードベースが流動的で、本番リリースの準備ができていないからだ。変更を一括で行うことになり、デリバリーの速度は重大な影響を受ける。

システムを変更の速度が違うところで分割することで、すばやく変更できるようになる。モノリスが全員に固定の速度を強いるのではなく、ビジネスニーズが変更の速度を決められるようになるのだ。

● 節理面：チームの地理的配置

地理的に分散していて複数のタイムゾーンにまたがるチームは、同一の場所にいないことは明らかだ。だが、チームメンバーが同じビルで働いていても、フロアが違ったり別のスペースで働いていたりすれば、それも地理的に分散していると考えてよい。

分散チームでは、コミュニケーションが制限される。地域をまたがってコミュニケーションするには、物理的もしくは仮想的な場所と、時間を明示的に要求しなければいけないからだ。あらかじめ決めていない、それ以外のチームコミュニケーションは全体の80%を占めることもあり、それは各チームのパーティションで囲まれた物理的な境界のなかで発生する。

違うタイムゾーンで働くとコミュニケーションの遅延がさらに広がり、仕事時間がほとんどかぶらない別のタイムゾーンにいる人の承認やコードレビューが必要な場合には、それがボトルネックになる。ハイジ・ヘルファンドは著書『Dynamic Reteaming』のなかで、タイムゾーンの違いによる問題をこう強調している。

> リモートワーカーが避けられないなら、チーム内やチーム間のコラボレーションを育みコミュニティを作るために、追加の仕事が必要になる。可能な限り異なるタイムゾーンを含めず、同一のタイムゾーン内に限るようにするのだ。異なるタイムゾーンの人を含めてしまうと、自宅での個人的な時間を侵害してしまうことになり、お互いに会いたがらないようになってしまうからだ[116]。

チームが効率的にコミュニケーションするためのオプションは2つだ。

１つは、チームメンバー全員が同じ物理スペースを共有する形で、同じ場所にいること。もう１つは、完全なリモートファーストのアプローチだ。チーム全員がいつでもアクセス可能なメッセージングツールやコラボレーションツールなど、合意したチャネルでのコミュニケーションを明示的に強制するのだ。このどちらも実現できない場合は、モノリスを別々のロケーションのチーム用のサブシステムに分割するのがよい。こうすることで、組織はコンウェイの法則を踏まえて、システムアーキテクチャーを現実のコミュニケーションの制約に合わせることができる。

● 節理面：リスク

巨大なモノリスでは、異なるリスクプロファイルが共存することがある。多くのリスクを取るというのは、システムやアウトカムの失敗確率が高くても、変更をすばやく顧客に届けるのを優先することを意味する。余談だが、モノリスではなく疎結合のシステムアーキテクチャーのもとで継続的デリバリーが本当に実現できていれば、小さな変更を頻繁にデプロイするリスクは実際に減少する。

節理面につながるリスクは複数の種類があり、通常はビジネスの変化に対する意欲に対応する。規制の遵守は具体的なリスクの１つで、すでに述べた。他の例としては、高いリスクプロファイルを持つマーケティング主導の変更（顧客獲得に重点）や、低いリスクプロファイルを持つ収益を生む取引機能の変更（顧客維持に重点）がある。

ユーザーの数によって許容できるリスクが変わることもある。複数のユーザー種別を持つSaaS製品で、数百万人の無料ユーザーがいて、有償ユーザーはわずか数百人という場合を例にしよう。無料でも使える人気機能に対する変更は、高リスクプロファイルとなり、大きな失敗は数百万人の潜在有償ユーザーを失うことを意味する。有償ユーザーのみが利用可能な機能に対する変更は、障害が発生したときにこの数百人に対するサポートの速度に問題がなく、個別対応でも対処できるのであれば、現実的には低リスクを維持できる。似たような理由で、通常、組織内部のシステムは

高リスクプロファイルを扱うことができる。ただしこれは、内部のプロダクトには内部のユーザーしかいないので通常のプロダクトと同じように扱うべきではない、という意味ではない。

明確に異なるリスクプロファイルを持つサブシステムに分割することで、ビジネス的な思惑や規制上のニーズに合わせて技術的な変更を行えるようになる。また、それぞれのサブシステムは時間とともに独自のリスクプロファイルを持つようになり、リスクを増やすことなく変更の速度を上げてくれる継続的デリバリーのようなプラクティスを導入できるようになる。

● 節理面：パフォーマンスによる分離

システムによっては、パフォーマンスのレベルを区別することが有益な場合もある。もちろんすべてのシステムにとって、パフォーマンスは常に関心事ではあり、できる限り分析、テスト、最適化すべきである。

だが、大規模な需要のピーク（たとえば、年に1回の納税申告の最終日）にさらされるシステムでは、システムの残りの部分には必要ないレベルのスケーリングとフェイルオーバーの最適化が必要になる。

特定のパフォーマンス要求に基づいてサブシステムに分割することで、サブシステムが自律的にスケールできるようになり、パフォーマンスが向上するとともにコストが下がる。納税申告のアプリケーションの構成要素の1つとして、たとえば、パフォーマンス重視の申告と検証のサブシステムがあり、短時間で数百万の申告を扱う。税額シミュレーション、処理、支払いのようなサブシステムは、そこまでの性能がなくても稼働できる。

● 節理面：技術

歴史的には、チーム分割の境界に技術だけが使われることが多かった。フロントエンド、バックエンド、データ層などでチームを分けるのがどれだけ多いか考えてみてほしい。

だが、一般的でもある技術主導での分割は、往々にしてさらなる制約を生み出し、フローを改善するどころかフローを低下させる。技術主導で分

割すると、全体的な視点ではそれぞれのチームの作業の透明性は低くなり、チーム内のコミュニケーションと比べてチーム間のコミュニケーションは遅くなる。その上、プロダクトの依存関係が残り続けるため、チームの自律性が低くなるのだ。

　技術に基づいてサブシステムに分割するのが効果的な場合もある。古いシステムや自動化しにくい技術の場合は特にそうだ。このような古い技術を含んだ変更が必要な場合、フローは大幅に遅くなる。手作業でのテストがたくさん必要だったり、ドキュメント不足や最新の技術スタックでは当たり前のオープンなユーザーコミュニティがないことで変更箇所の実装が難しかったりするためだ。このような技術の周辺にあるツール（IDE、ビルドツール、テストツールなど）のエコシステムは、最新技術のエコシステムのものとは挙動が違うし、大きな違いを感じることが多い。まったく違う技術に切り替えなければいけないチームメンバーにとっては、認知負荷が増える。このような場合は、チームの担当範囲を技術に沿って分割する。それによってチームはソフトウェアの実質的なオーナーシップを持ち、進化させることができる。

　技術の節理面に沿って分割するかどうかを決める場合は、まず古い技術を使っている部分の変更ペースの向上に役立つ別のアプローチがないかどうかを調べよう。そうすれば制約がなくなり、ビジネスにとって有益だからだ。もちろん、ビジネスに沿ったコンテキスト境界のようなもっと価値のある節理面でモノリスを分割することも可能だ。たとえば、ミルコ・ヘリングの著書『DevOps for the Modern Enterprise』では、プロプライエタリな商用プロダクトを扱う際の適切なコーディング手法やバージョン管理手法の適用方法を説明している[117]。

● 節理面：ユーザーペルソナ

　システムが成長して機能が増えると、内部向けでも外部向けでも顧客ベースも成長し多様化する。自分たちの仕事を終わらせるために特定の機能群を使うユーザーもいれば、別の機能群を必要とするユーザーもいる。

複数の料金プランを持つプロダクトでは、設計の段階でどの料金プランで
どの機能群を使えるかを決める。たとえば、課金している顧客のほうが、
無課金の顧客に比べて多くの機能にアクセスできる。別のシステムを例に
挙げると、管理者は通常のユーザーに比べて多くのオプションや管理機能
が使える。もっと単純な話だと、経験を積んだユーザーは、初心者と比べ
て、ある機能（たとえば、キーボードのショートカット）をうまく使える
ようになる。このような状況だとユーザーペルソナをもとにサブシステム
に分割するのは理にかなっている。

　機能間の依存関係や結合を取り除くのに労力は必要だが、顧客のニーズ
やシステム利用時の体験に集中できるようになって、結果的に高い顧客満
足や組織の収益改善につながることでペイできる。実際、このような構造
にすれば顧客サポートのスピードと質が向上し、どのサブシステムやチー
ムに問題があるのかもわかりやすくなる。企業のペルソナに沿って分割し
たサブシステムを担当するチームは、サポートの問題にできる限りスムー
ズに対応できるようにしたいと思うだろう。

● 特定の組織や技術にとって自然な節理面

　他にも、仕事を割り当てるためのチームファーストの節理面として自然
なものや使えそうなものが見つかることもある。ある節理面が適用可能か
どうかを判断するリトマス試験紙が必要なら、結果として得られるアーキ
テクチャーが、多くの自律的なチーム（依存度の低いチーム）の支えと
なって認知負荷が減るか（責任範囲が分解されているか）どうかを確認し
よう。

　もちろん、このような結果を達成したければ、最初に実験したり微調整
したりする必要がある。まず実際に試してみないと、具体的な最終結果を
保証することなどできない。システムとチームの境界を評価するのに役立
つ簡単な方法は、単純に「チームは、このサブシステムをサービスとして
効果的に利用したり提供したりすることができるか？」と聞いてみること
だ。答えがイエスなら、そのサブシステムは分割してチームに割り当て

て、進化させていくのにふさわしい候補となる。

CASE STUDY

Poppulo における適切なソフトウェア境界の発見

ステファニー・シーハン、運用担当 VP、Poppulo
ダミアン・ダリー、エンジニアリングディレクター、Poppulo

　Poppulo は、組織が複数のデジタルチャネルを使ってコミュニケーションを行うときに、その計画、ターゲット設定、配信、効果測定をまとめて 1 箇所で行えるようにするプロダクトだ。2012 年からの 4 年間で規模は 3 倍になり、アメリカにオフィスを開設し、Nestlé、Experian、LinkedIn、Honda、Rolls-Royce などの世界的な有名ブランドを含む非常に多くの顧客に使われるようになった。2019 年現在、Poppulo のプラットフォームは 100 以上の国の 1500 万人以上のユーザーに利用されている。ここに至るまで 3 年間で、私たちは単一の開発チームから、8 つのプロダクトチーム、1 つの SRE チームとインフラストラクチャーチームへとスケールアップしなければいけなかった。

　2015 年時点で、私たちは顧客数の大幅な増加と、それに伴ってエンジニアリングスタッフも大幅に増加すると予想した。そこで、新しいチームがなるべく独立して自律的でいるのに役立つような形でモノリスを分割したいと考えた。エンジニアの数が増えるにつれて、単一のチームでうまくいっていたアーキテクチャーやプラクティスはスケールできなくなってきた。そこで、設計を選択するときの拠り所として、DevOps と継続的デリバリーのプラクティスを中心に据え、既存でうまくいっていたモノリシックのシステムからマイクロサービスアーキテクチャーへと移行を開始した。

　私たちは、仕事を終わらせる手段としての「チーム」に焦点を当てるところから始めた。以前はときどき個人がボトルネックになること

があったが、チームでアプローチするようになり、ペアワーク（のち
にモブワーク）のようなプラクティスを導入することで、チームメン
バーが協力してタスクを終わらせるようになり、フローがよくなり始
めた。それから計測のためのコードを書いてテレメトリを追加した。
それによって、本番環境でコードが実際にどう機能しているかを見え
る化した。エンドツーエンドのデプロイパイプラインが用意され、ロ
グやメトリクスの収集が進んだことで、チームはコードを理解できる
ようになり、オーナーシップを持つようにもなった。

　Poppuloのプロダクトは組織が多くの人たちと電子的にコミュニ
ケーションするのを助けるものだ。したがって、私たちのビジネスド
メインは、人、コンテンツ、イベント、メール、モバイル、分析が中
心になる。私たちは書籍やカンファレンスの発表から、ドメインをき
れいに分離し、デリバリーチームに方向性を同じくする自律性を与え
ることが重要だとわかっていた。そこで、時間を取って、それぞれの
ドメインがどれくらい独立しているかを調査し、ドメイン境界に沿っ
てソフトウェアを分割する前に、ホワイトボードを使ってシナリオを
検討した。私たちはコンウェイの法則が及ぼす悪影響を受けたくな
かったので、効果的なドメイン分割が必須だったのだ。

　私たちは仕事においてコラボレーションと自律性を重視している。
そこで、「マトリクスプロダクトチーム」と呼んでいる職能横断型
チームを作り、同じ場所に集まって座り、プロダクトのある領域の
オーナーシップを完全に持つようにした。プロダクトチームは通常、
4人の開発者、1人のプロダクトマネジャー、QA、UX/UIデザイ
ナーで構成する。チームは顧客やステークホルダーと直接会話する。
サポート対応をシャドーイングし、設計や構築を行い、ソリューショ
ンのインパクトを計測する。自分たちが届けたソリューションの品質
についても説明責任を負う。

　私たちはビジネスコンテキストにおけるドメインを理解しモデリン
グするために、イベントストーミングなどのDDDのテクニックを活

用している。技術的には、サービスやチーム間のコミュニケーションのコントラクトテストを実現するのにPactを使っている。Pactを使うことで、サービスをテストしたり、チームをまたいだテストやチーム同士のやりとりの期待値を設定したりするための、明快なアプローチが手に入った。

ほとんどのデリバリーチームはメール、カレンダー、人、サーベイなどのビジネスドメインで境界づけられたコンテキストに沿っている。また、システムのなかには、規制上の境界（特に情報セキュリティマネジメントを定めたISO 27001）に沿った領域と、機能の使用状況をドメイン横断で報告する領域があった。これらの領域は小さな専門チームが担当するか、複数のチームが協力して対応している。

他にもソフトウェア全体で統一したユーザーエクスペリエンス（UX）を提供するのを支援するチームも1つある。UXチームは社内コンサルタントとして行動し、すべてのデリバリーチームがUXの良いプラクティスをすばやく導入できるよう支援する。SREチームも1つあり、高トラフィック環境を扱い、運用のしやすさを改善している。

時間を取ってビジネスドメインを理解し、ドメインに合うようにモノリシックなソフトウェアを分割したことで、エンジニアリング部門を2015年の16人から70人に拡大することができた。テレメトリや運用改善に投資したことで、チームは自分たちが作っているソフトウェアを理解するのに役立った。「方向性を同じくする自律性」と呼んでいるものを備えた職能横断型プロダクトチームにすることで、チームのソフトウェアサービスに対するオーナーシップが高まり、ダウンタイムを最小にしつつ速い変更フローが可能になった。

[実 例] 製造業

節理面としてむやみに技術を使うべきではなく、使うとしても、現在の

ソフトウェアスタックとは感覚や動作が大きく異なる古い技術に対して使う場合に限られる、という点をここまで強調してきた。だが、何事にも例外はある。難しいのは、例外が有効な場合と、すばやく進めるための簡単な方法が最終的に制約となってしまう場合を見分けることだ。例として、私たちが支援したかなり大規模な製造業の会社でのシナリオを見てみよう。この会社は消費者向けに物理デバイスを作っている。どのデバイスにもIoTの機能が備わっていて、モバイルアプリケーションによる遠隔操作やクラウド経由のソフトウェアアップデートが可能だ。デバイスはクラウドからの定期実行と、モバイルアプリケーション経由でのユーザー操作の両方で操作できる。すべての活動ログとプロダクトデータはクラウドに送られ、そこで処理やフィルタリングや保存が行われる。

　本書で以前取り上げたチームサイズや認知負荷の限界を踏まえると、ストリームアラインドチームがモバイルアプリケーション、クラウドの処理、デバイス用の組み込みソフトウェアをまたがるエンドツーエンドのユーザーエクスペリエンスをすべて担当するのは極めて難しい。3つのまったく異なる技術スタック（組み込み、クラウド、モバイル）をまたがるエンドツーエンドの変更には、さまざまなスキルの組み合わせが必要だ。だが、そんな人を見つけるのは難しいし、これに伴う認知負荷やコンテキストスイッチにも耐えられない。技術的にもアーキテクチャー的にも最適でない変更になるのがせいぜいで、最悪の場合は、壊れやすくなって技術的負債が着々と増え、全体で見ると顧客にひどいユーザーエクスペリエンスを提供してしまう。

　代わりに、システムの技術的制限を受け入れて、組み込みチーム、クラウドチーム、モバイルチームといった形で、チームを自然な技術的境界に沿って編成するのがよいだろう。スキルやデプロイのスピードの観点での技術間のギャップは、それぞれの変更ペースが異なることを示唆していて、これがチームを分ける上での重要な判断軸になる。

　図6.1の例では、主に2つの選択肢がある。

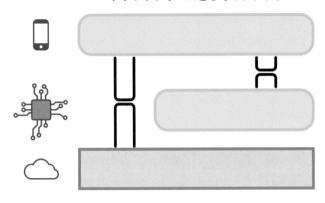

プラットフォームとしてのクラウド

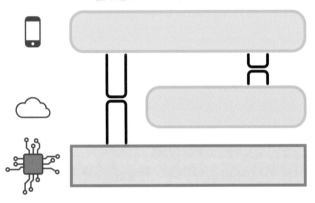

組み込みIoTデバイスプラットフォーム

図 6.1　モバイル、クラウド、IoT による技術的節理面のシナリオ

３つのまったくかけ離れた技術（モバイル、クラウド、IoT）があるため、組織はそれぞれの領域の認知負荷と変更のケイデンスに基づいて、意味のある節理面のアプローチを決めなければいけない。

1. クラウド部分のソフトウェアをプラットフォームとして扱い、モバイルと組み込みIoTのソフトウェアをプラットフォームのクライアントまたはコンシューマーとして扱う。これがうまくいくのは、コンシューマー側のアプリケーションの変更度合いや変更しやすさ

が、少なくともクラウドプラットフォームと同程度である場合だ。

2. 組み込みIoTデバイスをプラットフォームとして扱い、クラウドと
   モバイルアプリケーションをプラットフォームのクライアントまた
   はコンシューマーとして扱う。

いずれもうまくいくだろうが、いずれの場合も、プラットフォームにな
るチームは、それに適したアプローチを取る必要がある。

このアプローチでは、2つ以上の技術領域に影響がある機能において、
チーム間で定期的な調整が必要になる。たとえば、組み込みデバイスに新
しいバージョンのソフトウェアをデプロイする前に、クラウドプラット
フォーム側のAPIの変更をスケジュールしておく必要がある。だが一方で
この調整は、チーム間での共通の作業方法（たとえば、セマンティック
バージョニング、ロギングの方法、APIファーストの開発など）を確立す
るのに役立つ。

将来的に、技術に関係なく変更ペースが同じようになるにつれて、共通
のプラクティスや知識をもとにチームの境界を再構築できるかもしれない。

> **まとめ** チームの認知負荷に合わせてソフトウェア境界を選ぶ

フローを最適化する場合、ストリームアラインドチームは単一のドメイ
ンに対して責任を負うべきだ。これは、多くの異なる責任を持つモノリ
シックなシステムのなかに複数のドメインが隠れている場合や、複数のビ
ジネス領域をまたいだ機能を提供するときの技術的な選択によってドメイ
ンが決められている場合には、課題となる。

私たちは、システムを分割する自然な方法（節理面）を探さなければい
けない。それは、分割後のそれぞれができる限り独立して進化できるよう
なものでなければいけない。結果的に、それぞれを担当するチームは自律
的に進められるようになり、オーナーシップを持てるようになる。

サブシステムの境界と独立したビジネスセグメントを一致させるのは良いアプローチで、ドメイン駆動設計の手法はそのアプローチをうまくサポートしてくれる。だが、変更のケイデンス、リスク、規制遵守などの他の節理面についても注意し感知しなければいけない。複数の節理面が必要になることが多いのだ。

最後に、フローを妨げたりチーム間の不要な依存関係を引き起こしたりするさまざまな種類のモノリスについても気をつける必要がある。私たちはモノリスは1つだと考えがちだが、システムアーキテクチャーがモジュラー型だったとしても、巧妙に結合が入り込んでしまうことがある。たとえば、共有データベース、ビルドやリリースの結合などがそれにあたる。エイミー・フィリップスは「マイクロサービスでも、リリース前にそれらの組み合わせでエンドツーエンドのテストが必要なら、それは分散型モノリスだ」としている[118]。

サブシステムの境界を検討する主な目的は、ビジネスドメインに境界づけられたコンテキストに沿った節理面を見つけることである。境界づけられたコンテキストのほとんどが、組織にとって自然な変更のストリームに沿ったものになるからだ。これは、ビジネスドメインの境界をストリームアラインドチームに合わせることで、組織全体のフローに焦点を当てられるようになることを意味する。

また、特定の課題（技術、規制、パフォーマンス、チームの地理的配置、ユーザーペルソナなど）に合わせて節理面を選択することで、チーム間の引き継ぎを減らし、フローを促進できる。

いずれにせよ、チームが実質的なオーナーシップを持ち、持続可能な方法で進化させることができるように、ソフトウェアセグメントをチームサイズに合わせることが重要だ。

PART III
イノベーションと高速な
デリバリーのために
チームインタラクションを
進化させる
Evolving Team Interactions For Innovation And
Rapid Delivery

KEY TAKEAWAYS 要点

Chapter 7

- ソフトウェアデリバリーを強化するには、いずれかのチームインタラクションモードを選択する
- チームインタラクションモードには コラボレーション、X-as-a-Service、ファシリテーションの3種類があり、他のチームにサービスを提供したり、そのサービスを進化させたりする
- コラボレーションはイノベーションを強力に推進するが、フローを低下させる可能性がある
- X-as-a-Serviceは他のチームがすばやくデリバリーするのを助けるが、それは境界が適切な場合に限られる
- ファシリテーションは複数チームをまたぐ問題の発生を回避したり、問題を見つけたりするのに役立つ

Chapter 8

- 戦略的優位性の追求のために、異なるトポロジーを同時に活用する
- 新しいアプローチの導入を加速するために、チームタイプやチームインタラクションを変える
- チームトポロジーを活用して、探索、開発、終了フェーズを区別する
- さまざまなニーズに対応するために、複数のチームタイプが同時に存在することを想定しておく
- 組織変更のトリガーを認識しておく
- 運用は、自律操舵のための高精度な入力センサーとして扱う

Chapter 9

- チームファーストのアプローチとコンウェイの法則、4つの基本的なチームタイプ、チームインタラクション、トポロジーの進化、組織的センシングを組み合わせる
- さあ始めよう。まずはチームから始めて、ストリームを特定し、最低限のプラットフォームを明らかにし、能力ギャップを見極め、チームインタラクションを実践しよう

CHAPTER 7

チームインタラクションモード

Team Interaction Modes

> 複雑な問題を解決する際の全体としてのパフォーマンスを最大にするよう、
> 人を各人の仕事から断続的に分離して、技術や組織を再設計すべきである。
> —— イーサン・バーンスタイン、ジェシー・ショア、デビッド・レーザー、
> 「How Intermittent Breaks in Interaction Improve Collective Intelligence
> (断続的な交流がどのように集団的知性を向上させるのか)」

PART II では、4つの基本的なチームタイプであるストリームアライ
ンドチーム、イネイブリングチーム、コンプリケイテッド・サブシ
ステムチーム、プラットフォームチームの組み合わせが、ソフトウェアデ
リバリーで速いフローを実現するための明確なパターンをもたらすことを
説明した。だが、単純にチームをいじってパターンに合わせるだけでは高
い効果は得られない。チームがどのようにインタラクションするのか、い
つチームとそのインタラクションを変えるべきかを見極めることも必要だ。

PART III では、ソフトウェアシステムを構築する組織にとって、チーム
インタラクションの進化がいかに戦略的な優位性をもたらすかについて説
明する。明瞭なチームインタラクションのパターンと、チーム編成を進化
させるための明快な経験則を組み合わせることで、組織はイノベーション
を検知するセンサー機構や、顧客やユーザーのアウトカムをより良くする
ための自律操舵装置としてチームインタラクションを利用できる。

ここまで、妥当なチーム境界を選択するためのガイドラインとともに、
さまざまなシナリオでうまく機能する静的な（そのときどきの）チームト

ポロジーを見てきた。だが、以後変更しないことを見越してチームの境界を1回だけ選択すればよいというものではない。組織はビジネス、組織、マーケット、技術、個人のニーズを満たすために、チームのパターンを進化させる必要があることを見込んでおくべきだ。

チームがある分野で経験を積んだり、新しい技術が出現したり、組織の規模が拡大したり縮小したりすると、チームと経済（特に規模の経済）の力学は変化する。チームタイプの選択は、その変化を円滑にするだろう。ソフトウェアデリバリーのアウトカムを最大化するには、2つのチームが、ある時点ではより密接にコラボレーションしても、6～9か月後には独立していなければいけないという場合もあるだろう。PART I で取り上げたようなチームとアーキテクチャー上の最重要事項を念頭に置きつつ、トポロジーは新たな課題に対応できるよう適応し進化させる必要がある。

本章では、ソフトウェアシステムを構築するチーム間に必要となる基本的なインタラクションを単純かつ明確にする3つの主要なインタラクションモードについて見ていく。コラボレーションモード、X-as-a-Serviceモード、ファシリテーションモードだ。これらのインタラクションモードは、組織のすべてのチームのための期待とふるまいのパターンを定義していて、インタラクションを単純化し、不整合な境界を検出する手段として機能する。

同時に、あるチームが進化を選択するときの指針となる基本的なインタラクションモードについても見ていく。インタラクションモードの背後にある力学は、チームタイプを効果的に選択するための基礎として機能する。明瞭な一連のインタラクションパターンを利用することで、多くのチームとソフトウェアの関係に存在する曖昧さを回避し、それによってサブシステム境界やAPIに一貫性を持たせることが重要なのだ。

明瞭なインタラクションが効果的なチームのカギ

多くの組織では、チームのインタラクションと責任の不明瞭な定義が軋

轢や非効率の原因となっている。自律的だ自己組織化だと言われている
チームでも、メンバーは自分たちの仕事を完成させるために他のチームと
やりとりせざるを得ない。そしてそれをもどかしく思っている。またAPI
やサービスを提供する責任を負っているのに、実際にはそれを効果的に行
えるだけの経験を持っていないこともある。

　チーム間の関係性を考慮する際に重要な決定となるのは、目的を達成す
るために他のチームとコラボレーションするか、他のチームをサービスプ
ロバイダーのように扱うかだ（図7.1）。コラボレーションするかサービ
スを利用するかという選択は、組織のさまざまな階層で行われる可能性が
ある。Infrastructure as a Service（AWS、Azure、Google Cloudなど）
として利用するか、ロギングやメトリクス取得を共同で行うか、コンプリ
ケイテッド・サブシステムチームに複雑な音声処理コーデックを構築して
もらうか、アプリケーションのデプロイについて共同作業を行うかといっ
たものだ。最も避けなければいけないのは、すべてのチームが、目標を達
成するために他の全チームとのやりとりを必要としてしまうことだ。ジャ
ズバンドが演奏する音楽を状況に合わせるのと同じで、組織内で行われる
コミュニケーションも慎重に整理することが求められるべきだ。

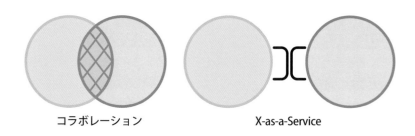

コラボレーション　　　　　　　X-as-a-Service

| 図7.1　コラボレーションか X-as-a-Service か |

コラボレーションとは、定義された領域で明示的に共同作業を行うことである。X-as-a-
Service とは、他のチームを何らかのサービスとして利用することである。

断続的なコラボレーションが最良の結果をもたらす

　最近、バーンスタインを中心とした研究者たちが独創的な実験を考案し、複雑な問題に対応するチームベースのソリューションの有効性を評価した。そして、「断続的にしかやりとりしていないグループの平均的な解の質は、持続的にやりとりしているグループとほぼ同じで、なおかつベストな解を見つけるための十分なバリエーションが保たれていた」ことを発見した[119]。持続的なインタラクションよりも断続的にコラボレーションするほうが良いソリューションが見つかったのだ。

３つのチームインタラクションモード

　ソフトウェアシステムのためのチームトポロジーモデルをいつどのように適用するかを理解するには、チームファーストの力学とコンウェイの法則を考慮した上で、チームがインタラクションする３つの基本的なモードを定義し、理解することが必要だ。

- コラボレーション：他のチームと密接に協力して作業すること
- X-as-a-Service：最小限のコラボレーションで何かを利用または提供すること
- ファシリテーション：障害を取り除くために他のチームを支援したり、支援を受けたりすること

　これら３つのインタラクションモードの組み合わせが、ほとんどの中規模組織や大企業で必要だ（そして小規模組織に取り入れても、多くの人が思う以上に有用だ）。さらに、１つのチームが２つの異なるチームに対して別のインタラクションモードを利用することもある。図7.2では、図形を用いてこれらのインタラクションモードを示した。

　たとえば、チームＡは個人向けの資産管理ソフトウェアを担当するスト

コラボレーション　　　　X-as-a-Service　　　　ファシリテーション

図7.2　3つのチームインタラクションモード

コラボレーションモードは斜線の網掛け、X-as-a-Serviceは金具型、ファシリテーションは点描で表している。

リームアラインドチームだとしよう。新しいクラウドモニタリングツールの利用にあたってコラボレーションモードを使ってチームBとやりとりし、そのツールを動かすプラットフォームを利用するにあたってはX-as-a-Serviceモードを使ってチームCとやりとりする。

　ソフトウェアシステムを構築する際にチームがインタラクションする方法を形式化することで、チーム間のインターフェイスを明確に定義でき、ソフトウェアデリバリーにおけるさまざまな側面の有効性が評価しやすくなる。結果的に、コンウェイの法則のとおり、これらのインターフェイスは構築するソフトウェアシステムに反映される。マイク・ローザーは、日本のトヨタの大成功について、「トヨタの成功の根源は組織構造にあるのではなく、社員の能力と習慣を伸ばすことにある」と記した[120]。

　インタラクションモードはチームの習慣になる。3つのインタラクションモードのどれかを選んで実現することでチームが体験するのは、目的の明確化、エンゲージメントの向上、他のチームに対するフラストレーションの減少だ。このようなやり方でチームインタラクションを制限すれば、コンウェイの法則に従うシステム構築の同形力的側面に明示的に対応することにもなる（Chapter 2参照）。チームは、こう問わなければいけないだろう。

　「このチームとはどんなインタラクションをすればよいだろうか？　他のチームとは密接にコラボレーションするべきか？　サービスを期待したり提供したりするべきか？　それとも、ファシリテーションを期待したり

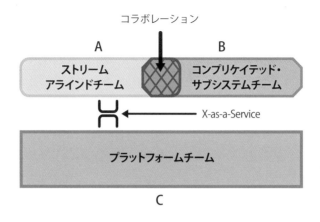

コラボレーション

A   B

ストリーム   コンプリケイテッド・
アラインドチーム   サブシステムチーム

←── X-as-a-Service

プラットフォームチーム

C

図 7.3　チームインタラクションモードのシナリオ

ストリームアラインドチームであるチーム A は、チーム C が X-as-a-Service モード（金具型の部分）で提供するプラットフォームを利用して、コンプリケイテッド・サブシステムチームであるチーム B（網掛けの部分）とコラボレーションする。

提供したりするべきだろうか？」。

 TIP

> チームトポロジーのアプローチのカギとなるのは、2つのチームをコラボレーションさせるか、一方のチームが提供する何かをサービスとしてもう一方に利用させるかである。

● コラボレーション：イノベーションとすばやい探索の原動力だが境界は曖昧

　コラボレーションモードは、特に新しい技術や手法を調査するときなど、高い適応性や探索が必要とされる場合に適している。コラボレーションモードは、新しいものをすばやく探索するのに

> コラボレーション：他のチームと協力して密接に働くこと

向いている。なぜなら、コストのかかるチーム間の引き継ぎを避けることができるからだ。たとえば、クラウドベースのセンサー管理（クラウド技術とセンサー技術の融合）や、ウェアラブルデバイスによるセキュアな

ローカルネットワーク（ネットワーク知識と服飾業界の専門知識の融合）など、チームＡとチームＢという２つの既存のチームの専門性にまたがる領域に大きなイノベーションがあるかもしれない。コラボレーションモードには、チーム間の優れた連携や共同作業に対する意欲と能力の高さが必要だ。

　新システムの開発の初期フェーズや、新しい情報や技術的制約、適切なプラクティスをすばやく探索する必要がある段階では、コラボレーションモードの価値は非常に高くなる。コラボレーションを使用するチームは、新しい働き方や技術の予期せぬ動作をすばやく発見できるからだ。

　このコラボレーションは異なるスキルセットを持つグループ間に生まれ、多くの人の知識や経験を融合して難しい問題を解決する。コラボレーションは、技術がどのように機能するかについて新しいインサイトをもたらし、学習を他のチームにもたらす。これはキム・キョンヒ博士とロバート・Ａ・ピアースの「発散的思考法」のアプローチに一致する[121]。

　コラボレーションモードを使ってやりとりしているチームを可視化するには２つのうまいやり方がある。１つ目の方法は、異なる専門知識と責任を持つチームが、いくつかのことについて協力して作業するさまを見えるようにすることだ。このコラボレーションのインタラクションでは、２つのチームは本来の重点分野に対する責任と専門知識を実質的に保持したまま、特定の活動や詳細のサブセットについて協力しあう。

　２つ目の方法は、チーム間の協力がほぼ全面的なのを示すことだ。本来は異なるスキルと専門知識を持つ２チームが存在していても、事実上単一のチームとして専門知識と責任を共同で持つのだ。この場合でも、１チーム15人を超えないように注意する。

　重点分野と責任範囲の重なりが少ない場合でも、完全に重なっている場合でも、２つのチームはコラボレーションの全体的なアウトカムに対して共同責任を負わなければいけない。なぜなら、コラボレーションする行為は責任境界を曖昧にするからだ。共同責任がなくては、何かがうまくいかなかったときに信頼を失う危険性があるのだ。

あるチームが、自分たちの知識を上回るような探索を行ってすばやく学習しようという状況では、そのチームは異なるスキルを持つ別のチームと密接に協力することが求められる。しかし、コラボレーション進行中の認知負荷は、純粋にチーム「本来の」領域内での作業よりもはるかに高くなる。これはコミュニケーションのオーバーヘッドが高くなることを意味し、単一のチームとして見た場合には、チームの有効性が明らかに低下する可能性がある。その代わり、２つのチームが１つになって新しいプラクティスをすばやく探索することが、チームの有効性を高める投資となる。つまり、２つのチームがコラボレーションモードを使用してインタラクションすれば、コラボレーションのコストは高くても、一緒に働くことで有効性は高くなる。成果は確実に出さなければいけないのだ。また、チーム間に摩擦が少しでもあるとコラボレーションは難しくなるので、摩擦をなくすか、あるとしても非常に少なくするべきだ。

表7.1　コラボレーションモードの強みと弱み

強み	弱み
・すばやいイノベーションと探索 ・引き継ぎが少なめ	・チーム間で広く共有される責任 ・チーム間で詳細やコンテキストの共有が必要。これは認知負荷の増大につながる ・コラボレーションの間は以前より生産量が減る可能性
制約：1つのチームが同時にコラボレーションモードを使用するのは最大1チームまで。1つのチームが同時に2つ以上のチームとコラボレーションモードを使用してはいけない。	
典型的な使用法：コンプリケイテッド・サブシステムチームと共同作業するストリームアラインドチーム。プラットフォームチームと共同作業するストリームアラインドチーム。プラットフォームチームと共同作業するコンプリケイテッド・サブシステムチーム。	

コンウェイの法則によれば、コラボレーションモードで探索し、すばやく学習することで、ソフトウェアの責任とアーキテクチャーはより融合する傾向がある。2つのチーム間にあるサービスまたはシステムの明瞭なインターフェイスが必要なら、コラボレーションモードを長時間使用することは最善の選択ではない可能性がある。インターフェイスの確立や改良のために、ときどき短時間もしくは軽度にコラボレーションするのはよいが、継続的にコラボレーションが必要になるなら、ドメインの境界やチームの責任が正しくないか、チーム内のスキルの組み合わせが正しくないことを示している。

● X-as-a-Service：責任が明確でデリバリーは予測可能になるが、優れたプロダクトマネジメントが必要

X-as-a-Serviceモードは、あまり手間をかけずに「まずは動く」コードライブラリやコンポーネント、API、プラットフォームを必要とするチームがいるという状況に適している。システムのコンポーネントや一部分が、他のチームから効果的に「サービスとして」提供されるような場合だ。

> X-as-a-Service：最小限のコラボレーションで何かを利用または提供すること

システム開発の後期フェーズや新しいアプローチの探索よりも、予測可能なデリバリーが必要とされる時期では、X-as-a-Serviceモデルが最適に機能する。このモデルでは、チームは（内部または外部の）他のチームからサービスとして提供される技術的な側面を信頼して、自分たちの作業のデリバリーに集中できるようになる。

サービス提供に関わる課題の解決方法は、それまでに実施した密接なコラボレーションによる「発散的」なアプローチによってすでに見つかっているはずだ。そのなかで、最も効果的なソリューションをサービスとして提供するのだ。「サービスとして」の何かを信頼するには、X-as-a-Serviceチームが優れた仕事をすることが必要だ。これを達成するのは難しいが、その結果デリバリーチームは自分たちの仕事のコアでない側面について理

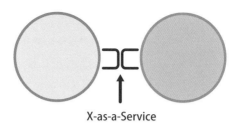

X-as-a-Service

図 7.4　X-as-a-Service モード

この例では、左側のチームが右側のチームに「サービスとして」何か（おそらく API や開発者向けツール、プラットフォーム丸ごとの場合も）を提供している。

解する必要がなくなり、よりすばやくデリバリーできるようになる。これは上記で紹介した「発散的思考法」のアプローチに一致する。

　X-as-a-Serviceを用いると、どのチームがどこのオーナーシップを持っているのかが非常に明確になる。あるチームは他のチームが提供する何かを利用する。コラボレーションモードで作業するのと比較すると、チームが必要とするコンテキストは少なくなる。それゆえ、どちらにとっても認知負荷は「より低く」なる。設計上、境界をまたいだイノベーションはコラボレーションよりもゆっくり起きる。これはまさに、X-as-a-Serviceにはサービスをうまく定義した優れたクリーンなAPIがあるからだ。この関係を図7.4に表す。

　システムのコンポーネントや一部分がサービスとして効果的に提供されるためには、それらの責任境界がビジネスや技術的なドメインの文脈で意味を成さなければいけない。それに加えて、サービスを提供するチームが、そのサービスを利用するチームのニーズを十分に理解し、バージョン管理やプロダクトマネジメントなどのサービスマネジメントの原則を活用したシステムの管理に熟練する必要も出てくるだろう。

　X-as-a-Serviceモードでは、やりとりする2つのチームがコンポーネント、API、フィーチャーをサービスとして使用または提供するためにコラボレーションする必要はほとんどない。これはX-as-a-Serviceモデルの明

らかな利点だ。もし提供するものが、利用側のチームからのやりとりをほとんど必要としないなら、ほぼ言葉の定義どおりになり、それで目的は十分に果たせるし利用側のチームの効果的な作業に役立つ。すなわち、X-as-a-Serviceモデルでは、利用側のチームはサービスの詳細を知らなくても高い価値を得られる必要があるのだ。そうすれば、利用側はサービスの実装の詳細にとらわれることなく、すばやく動けるようになる。

> 📖 NOTE
>
> X-as-a-Serviceモデルがうまく機能するのは、サービス境界が正しく選択、実装され、サービスを提供するチームが優れたサービスマネジメントを実践している場合に限られる。

　コンポーネントであれ、APIであれ、テストツールであれ、デリバリープラットフォーム全体であれ、何かをサービスとして提供する場合において、責任を負うチームは、利用する側と提供するものの実行可能性の両方に対して強い責任感を持つ必要がある。そして、デベロッパーエクスペリエンス（DevEx）を非常に魅力的なものにしなければいけない。提供されるサービスは、使用、テスト、導入、デバッグが容易である必要がある。その使用方法に関するドキュメントは明確で、わかりやすく書かれていて、最新でなければいけない。さらにそのサービスは、時間をかけて成長し続けるような方法で管理されなければいけない。利用する側のチームからの新機能のリクエストは考慮するが、頼まれたからというだけで作るわけではない。その代わり、すべてのユーザーの最善の利益を念頭に置き、他のチームと相談しながら慎重にスケジュールを立てて機能拡張することで、目的や検討事項を徐々に遂行していく。

　たとえば、低水準XML変換のための単純なコードライブラリであっても、プロダクトマネジメントとDevExの原則を適用することで利益が得られる。XMLライブラリの構築と支援を行うチームは、バージョン管理と後方互換性、古いバージョンのライブラリを廃止するためのロードマップ、ライブラリを利用する側が新しいバージョンに移行するための支援な

どについての検討が必要だ。コードライブラリより規模が大きいものに対しては、こういったX-as-a-Serviceアプローチの必要性はさらに高まる。

表7.2　X-as-a-Service モードの強みと弱み

強み	弱み
・明確な責任境界のある明確なオーナーシップ ・チーム間の詳細やコンテキストの共有が減ることで認知負荷が制限される	・境界や API のイノベーションが遅め ・境界や API が効果的でなければフローが澱む危険性

制約：サービスを使用するにせよ提供するにせよ、1つのチームが同時並行で多数のチームと X-as-a-Service インタラクションを使う想定が必要となる。

典型的な使用法：プラットフォームチームの Platform as a Service を使用するストリームアラインドチームとコンプリケイテッド・サブシステムチーム。コンプリケイテッド・サブシステムチームの提供するコンポーネントやライブラリを使用するストリームアラインドチームとコンプリケイテッド・サブシステムチーム。

● ファシリテーション：能力のギャップを感知し縮小する

　ファシリテーションモードは、1つ以上のチームが別のチームから積極的に作業の一部をファシリテーションまたはコーチしてもらう場合に適している。ファシリテーションモードは、イネイブリングチーム（Chapter 5参照）の主な職務遂行モードであり、他の多くのチームに支援と能力を提供し、生産性と有効性を高める助けとなる。ファシリテーションを実施するチームの責任は、他のチームがより効果的になり、より早く学習し、新しい技術をより理解し、チーム全体に共通する問題や障害を発見して取り除けるようにすることだ。さらにファシリテーションチームは、他のチームが使用している既存のコンポーネントやサービスのギャップや不整合を発見することもある。

インタラクションにファシリテーショ
ンモードを使用するチームは通常、チー
ム間の問題を検出して削減し、他のチー
ムや組織がサービスとして提供するコー

> ファシリテーション：他のチー
> ムが障害を取り除く助けとな
> る（もしくは助けてもらう）

ドライブラリ、API、プラットフォームなどの方向性や機能を知らせるこ
とで、他の多くのチームと連携している。

　ファシリテーションの責任を持つチームは、主要なソフトウェアシステ
ムや付随するコンポーネントやプラットフォームの構築は行わず、ソフト
ウェアの構築、運用を行う他のチーム間のインタラクションの品質に注目
する。たとえば、3つのストリームアラインドチームをファシリテーショ
ンするチーム（Chapter 5参照）は、プラットフォームが提供するロギン
グサービスの設定が非常に難しいことに気づくかもしれない。つまり3
チームともその使用が困難だとわかる。そんなとき、3チームを支援して
いるチームは、プラットフォームの提供するロギングサービスの改善を促

表7.3　ファシリテーションモードの強みと弱み

強み	弱み
・ストリームアラインドチームの障害を取り除きフローを増やす ・コンポーネントやプラットフォームにおけるギャップ、整合性の取れていない能力や機能の検出	・「構築」や「運用」に従事しない経験豊富なスタッフが必要 ・ファシリテーションモードのチームの一方または双方にとって、そのインタラクションは馴染みがないか奇妙に思えるかもしれない
制約：チームは、ファシリテーションを使用するか提供するかに関わらず、何チームかと同時にファシリテーションモードを使用する想定が必要	
典型的な使用法：ストリームアラインドチーム、コンプリケイテッド・サブシステムチーム、プラットフォームチームを支援するイネイブリングチーム。または、ストリームアラインドチームを支援するストリームアラインドチーム、コンプリケイテッド・サブシステムチーム、プラットフォームチーム	

すことができる。

　ファシリテーションインタラクションにおいては、主要なソフトウェア
システムの構築をしているのは２チームのうち一方だけなので、コンウェ
イの法則の効果は想定通りだ。つまりファシリテーションを行うチーム
は、システムが求めるアーキテクチャーに基づいて、チーム間のコミュニ
ケーションを定義し明確化するのに役立つのだ。

各インタラクションモードでのチームのふるまい

　各インタラクションモードは、対応するチームのふるまいがあって初め
て最適に機能する。このようなチームのふるまいは、ライブバンドが状況
に合わせてジャズ、スウィング、オーケストラの映画音楽など異なるスタ
イルの演奏を行うように、ふるまいの「スタイル」と考えることができる。
バンド（またはチーム）は同じメンバーで構成されていても、どのような
効果が必要かによってグループとしてのスタイルは変わる。これは、バン
ド（チーム）が別のグループ（たとえば、カルテットや合唱団）と一緒に演
奏することが必要な場合にも当てはまる。つまり、バンドの演奏スタイル
は、２つのグループを組み合わせて演奏が成功するように変更されるのだ。

　ライブバンドが求められる音楽や一緒に演奏する他のグループに合わせ
て演奏スタイルを変えるのと同じように、チームトポロジーアプローチに
従ってソフトウェアのデリバリーを行うチームは、インタラクションする
他のチームに応じて異なる「スタイル」のふるまいを採用するべきなのだ。

　著名なエンジニアであるジェームズ・アーカートは、コンウェイの法則
を念頭に置いたチームの相互コミュニケーションについて、「政治的な問
題、帯域幅の制約、人と人とのコミュニケーションの単純な非効率性のほ
とんどを回避できる裏ルートのコミュニケーション」の必要性を述べてい
る[122]。これはまさに、本章の明瞭なチームインタラクションがもたらす
アウトカムだ。さらに行動研究によると、人が他人と最もうまくやれるの
は、その人の行動が予測できるときだという。つまり、私たちが組織内の

人に一貫した体験を提供すれば、信頼を築ける。役割と責任の明確な境界のもとで期待されるふるまいを定義し、「見えない電気柵[7][123]」と呼ばれるものを回避することで、信頼を促すのだ。

 TIP

チームインタラクションのためのシステム設計手法としての約束理論

　約束理論とは、エンジニアであり研究者でもあるマーク・バージェスが提唱したもので、命令や強制力のある契約ではなく約束の観点からチーム間の関係性を構築するのが望ましい理由とその方法を説明するものだ。たとえば、セマンティックバージョニング（SemVer）の示すメジャー、マイナー、パッチ、ビルドのナンバリングの意味に従うことで、チームは自分たちのコードに依存するソフトウェアを壊さないことを約束する[124]。

● コラボレーションモードでのチームのふるまい：「豊富なインタラクションと相互の尊重」

　コラボレーションモードを使用するチームに期待すべきは、コラボレーションしているチームとの豊富なインタラクションと相互の尊重だ。コラボレーションの「境界の架け橋となる」という側面によって、未知の問題を発見して解決できる。そのため、通常、チームメンバーは予想していたよりもはるかに長い時間がかかる活動を想定しなければいけない。『Principles of Product Development Flow』の著者ドン・レイネルトセンの言う「オーバーラップ計測の原則[125]」のように、他のチームを助けたチームに報酬を与えることで、ふるまいをそろえることが可能になる。

 TIP

コラボレーションモードのためのトレーニング方法

　ペアプログラミング、モブプログラミング、ホワイトボードでのスケッチのような基本的なコラボレーションスキルに関するトレーニングやコーチングは、境界の架け橋となるコラボレーションの特別なトレーニングと同じように、コラボレーションモードを使用するチームに有益だ。

---

7 訳注　どこにあるかがはっきりせず、触れることを恐れて周囲に立ち入れないような境界を指す

● X-as-a-Serviceモードでのチームのふるまい：「ユーザーエクスペリエンスを重視する」

　X-as-a-Serviceモードを使用するチームに期待すべきは、サービスのユーザーエクスペリエンスを重視することだ。たとえば、プラットフォームチームがストリームアラインドチーム向けに動的なクラウドテスト環境の一式を提供しているとしよう。この場合、プラットフォームチームとストリームアラインドチームは、その環境とのインタラクションにおける体験、つまりAPIの使いやすさ、使用リソースの確認のしやすさ、機能の魅力などを重視するのだ。プラットフォームの機能性が重要なのは明らかだが、最高かつ最適なチームインタラクションを実現するには、プラットフォームの利用体験に注目することが不可欠だ。

TIP

X-as-a-Serviceモードのためのトレーニング方法

　コアとなるユーザーエクスペリエンス（UX）とデベロッパーエクスペリエンス（DevEx）のプラクティスに関するトレーニングやコーチングは、X-as-a-Serviceモードを使用するチームに有益だ。

● ファシリテーションモードでのチームのふるまい：「助け合う」

　ファシリテーションモードを使用するチームに期待すべきは、助けたり助けられたりすることだ。たとえば、ストリームアラインドチームが新しいプラクティスの導入のためにイネイブリングチームに助けられているとする。ストリームアラインドチームの人はイネイブリングチームに助けてもらうことに対してオープンである必要がある。新しいアプローチに対して心を開き、イネイブリングチームはもっと良いアプローチを見てきたのだろうと認識することが必要なのだ。

TIP

ファシリテーションモードのためのトレーニング方法

　ファシリテーションのやり方や他のチームから助けてもらう方法に関するトレーニングやコーチングは、ファシリテーションモードを使用するチームに有益だ。

最適なチームインタラクションモードを選択する

　4つの基本的なチームタイプであるストリームアラインドチーム、イネイブリングチーム、コンプリケイテッド・サブシステムチーム、プラットフォームチームには、組織のコンテキストでうまく機能する特徴的なふるまいがある。ときには、一時的にせよ永続的にせよ、他のチームとのインタラクションモードを変えて、アウトカムを改善しなければいけないこともある。

　基本的なチームタイプはそれぞれ異なるインタラクションモードに遭遇する可能性が高い。チームインタラクションをこれら3つのモードにそろえると、現在の組織的な目的に向かってチームが可能な限り効果的に職務

表 7.4　基本的なチームタイプのチームインタラクションモード

	コラボレーション	X-as-a-Service	ファシリテーション
ストリームアラインドチーム	典型的	典型的	偶発的
イネイブリングチーム	偶発的		典型的
コンプリケイテッド・サブシステムチーム	偶発的	典型的	
プラットフォームチーム	偶発的	典型的	

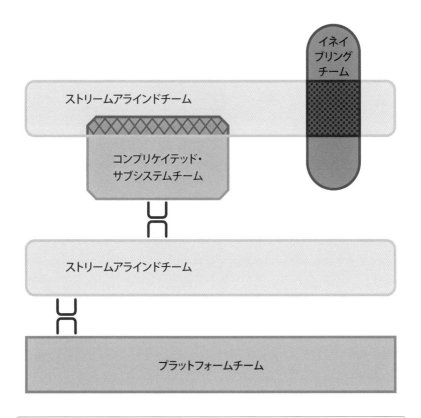

ストリームアラインドチーム

イネイ
ブリング
チーム

コンプリケイテッド・
サブシステムチーム

ストリームアラインドチーム

プラットフォームチーム

図7.5　4つの基本的なチームタイプのためのインタラクションモードの基本形

ストリームアラインドチームは X-as-a-Service またはコラボレーションを使用する。イネイブ
リングチームはファシリテーションを使用する。プラットフォームチームはプラットフォーム
を利用するチームのために X-as-a-Service を使用する。

を遂行することが確実になる。図7.5に、4つの基本的なチームタイプの
それぞれについてインタラクションモードの基本形を示した。

　基本的なチームタイプの典型的または偶発的なインタラクションモード
は、表7.4に示すように、必須のインタラクションモードにマッピング可能だ。

　表7.4に、チームは他のチームとどんなインタラクションをするのか、
チームタイプごとの違いをまとめた。たとえば、ストリームアラインド
チームは、コラボレーションまたはX-as-a-Serviceのいずれかを使用し

て、他のチームとインタラクションすることが典型的だが、プラット
フォームチームは主にX-as-a-Serviceを使用してインタラクションするこ
とが多い。このことは、それぞれの種類のチームに必要とされる対人スキ
ルの種類について、さらにいくつかのヒントを与えてくれる。つまり、プ
ラットフォームチームにはプロダクトマネジメントやサービスマネジメン
トに関する高度な専門知識が必要であり、一方でイネイブリングチームに
はメンタリングやファシリテーションの経験が豊富な人材が必要だ。

基本となるチーム組織を選ぶ

　インタラクションモードが理解できれば、必要なソフトウェアアーキテ
クチャーの作成に役立ちそうな初期の組織設計が選択可能になる。選択し
た境界が実際に最適かどうかを組織が「感知」するにつれて、インタラク
ションモードとチーム構造は多少なりとも変化の必要があるということを
同僚と共有しておこう。

CASE STUDY

2014年前後のIBMにおけるチームインタラクションの多様性

エリック・ミニック、継続的デリバリーのプログラムディレクター、IBM

> 2013年以来、エリック・ミニックは全世界のIBMの技術チームを対象に新
> しいプラクティスの導入と普及を指揮してきた。

　私がIBMに入社した2013年当時、エンタープライズソフトウェア
業界は、クラウド技術とユビキタスオートメーションによってもたら
された大きな変化のなかにあった。その頃の私の役割の1つが、当時
としては新しいDevOpsとアジャイルのプラクティスを数十箇所（6
大陸）にいる約4万人の開発者に浸透させることだった。多種多様な
チームインタラクションが行われていたので、新しい働き方への移行
を促進するために「アドボケイト」チームを作った（図7.6）。

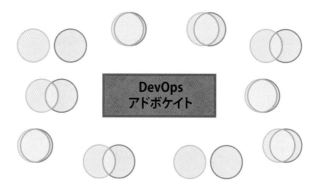

2014年前後のIBMにおけるチームインタラクションモード。「DevOpsアドボケイト」チームが学習とチーム変化を統合し促進しているところ。

　アドボケイトチームには、フルタイムの従業員数名とパートタイマー数名がいた。このチームは世界中のさまざまなチームから成功したパターンを集めて、みんなを勇気づけ、教育することで、アイデアがIBMの組織全体に浸透するようにした。チームと幹部向けの正式なトレーニングも実施した。それと同時に、何千人ものエンジニアが参加する社内ウェビナーのようなコンテンツも派手にやった。

　アドボケイトチームは、チームタイプのどれにも当てはまらないかもしれない。自分たちは数年後には不要になる一時的なチームと考えていたからだ。あるいは当時私がTwitterに書いたように、「DevOpsチーム」は周りに実行力を与えることで自らの役目を終えることを目標にすべきだからだ。

● コラボレーションとファシリテーションのインタラクションに逆コンウェイ戦略を利用する

　逆コンウェイ戦略（Chapter 2参照）を実行するときには、コンウェイの法則が示す自己相似性の同形力的引力が予想される。すなわち、ソフトウェアやシステムのアーキテクチャーに必要なコミュニケーションパスに

CHAPTER SEVEN

合わせて、組織が設定される。しかし新しいチーム構造が考案され実装されたからといって、すぐに新しいアーキテクチャーが出現するとは限らない。まさにコンウェイの法則の背後にある力によって、既存のソフトウェアアーキテクチャーは、新しいチーム構造に対して最初は「反発」することになる。

　新しい組織構造をうまく機能させ、新しい責任境界が適切なことを確認するには、逆コンウェイ戦略を使う必要がある。一時的に、ソフトウェアを構築するチーム間を明示的にコラボレーションモードにし、イネイブリングチーム（場合によっては他のチーム）もファシリテーションモードで参加する。同じように一時的に、新しい境界の周辺で明示的にコラボレーションモードを使い、ストリームアラインドチームとコンプリケイテッド・サブシステムチームの間で高度なファシリテーションモードを使うことで、新しい責任境界に関わる問題をすばやく発見できる。いろいろ作り込んでしまう前に、早い段階で設計を調整する機会が得られるのだ。

　コラボレーションフェーズでは、ソフトウェアサブシステムを担当するチームには、まず上位コンポーネント側から責任を持たせていく必要がある。チームのオーナーシップが長く続くからだ。たとえば、大規模なソフトウェアモノリスをストリームやコンポーネント、プラットフォームの新機能に合わせて、個別のセグメントに分割したいとする。上位コンポーネントのオーナーとなるチームも、適切にコードを抽出できるまでは、下位コンポーネント（プラットフォーム）に対して作業を行う必要がある。コードが密結合の場合は特にだ。コラボレーションフェーズが進むにつれて、下位コンポーネントのオーナーが元のチームから責任範囲をだんだん引き継いでいく。新しいチームが下位コンポーネントを引き継いだら、コラボレーションフェーズは終了する。

● チームトポロジーを計画的に進化させチーム間の有効なAPIを発見する

　Chapter 5で見たように、専任のアーキテクチャーチームは、通常は避

けるべきアンチパターンだ。だが、チーム間のインタラクション、すなわちシステムのアーキテクチャーを発見、調整、再構築する責任をソフトウェアシステムのアーキテクトたちが持つ場合には、少人数でも組織内で非常に大きな効果を上げるだろう。

これは、システムを構築する組織においてコンウェイの法則が有効であれば、組織のアーキテクチャーがシステムのアーキテクチャーとなるためだ。あるいは、ルース・マランが述べているように「組織の分裂がシステムの真の継ぎ目を動かす」のだ[126]。チームの形成に逆コンウェイ戦略を使用することを長年提唱してきたアラン・ケリーは、こう言っている。

「アーキテクトであると主張する人は、社会的スキルと技術的スキルの両方が必要だ。……同時に、純粋な技術よりも広範な権限、つまりビジネス戦略、組織構造、人事問題についての発言権を持つ必要もある。つまり、マネジャーとしての能力も必要なのだ」。

アーキテクトは「この2チームにはどちらのインタラクションモードが適しているだろうか？　この2チームの間にあるシステムの2箇所で、どのようなコミュニケーションが必要だろうか？」と考えていくべきだ。それゆえに、チームトポロジーのアプローチに従う組織におけるアーキテクトは、狙いどおりのソフトウェアアーキテクチャーを先取りするチームAPIの設計者となるのだ。

実質的には、チーム内の個人に全面的に依存して境界の架け橋となる（ストレスフルで、優れた社会的スキルと技術的スキルの両方を必要とする）のではなく、API設計に長けた人材を使って組織内のチーム間APIを設計するのだ。

不確実性を減らし、フローを強化するインタラクションモードを選ぶ

インタラクションモードにはそれぞれ異なった特性があり、活動や目標の種類によってどれが適切かは変わってくる。この節では、状況に応じて

どのインタラクションモードを使用すべきかを明らかにする。

● コラボレーションモードを使用して実行可能なX-as-a-Serviceインタラクションを発見する

X-as-a-Serviceモードは、ソフトウェアデリバリーチームが速いフローを実現する上で非常に効果的だ。だが他のサービスと同じように、サービス境界がうまく引かれておらず、柔軟性の不足によってちょうどよい量のサービスが提供できない場合、X-as-a-Serviceインタラクションは効果的ではない。当然、サービスは利用側のチームのニーズを満たさない。

サービス境界の線引きの失敗という問題に対応するには、コラボレーションモードが使える。新しい場所にサービス境界を引き直し、サービスの権限を縮小または拡大（または柔軟性を追加）して、利用側のチームにより適したサービスにするのだ。実際、サービス境界で現在行われている軽量なコラボレーションインタラクションは、すべてのサービスが必ず可能な限り効果的になるようにすべきだ。私たちは、サービス境界での「程よい」コラボレーションによってサービスの範囲を調整し、サービスを提供する側とされる側のニーズを満たしたいのだ。

組織が新たにX-as-a-Serviceインタラクションを確立しようとしている場合にも、同じパターンが適用される。つまり、密接してコラボレーションすることで、現実的な「サービスとして」の境界を確立し、引き続き軽くコラボレーションすることでその境界が有効であることを検証するのだ。

アプリケーションとプラットフォームやインフラストラクチャーのイノベーション率を同時に上げるには、コラボレーションモードが使える。これは特に新しい、もしくはこれから生まれるプロダクトやサービスを提供するのに役立つ。

TIP

インターフェイスは曖昧なままかもしれないが、インターフェイスが安定し機能することがわかるまでコラボレーションを行う。

● チームインタラクションモードを一時的に変更してチームの経験と共感を育てる

現在のチーム間のインタラクションモードがしばらく固定化されていて何かしら再活性化が必要な場合、インタラクションモードを一時的に変更することで、チームメンバーがリフレッシュして経験を増やし、他のチームへの共感を高めることにつながる。Pivotalのエヴァン・ウィレイは、他のチームに依存するチームにとって、「そういったチームが前もってメンバーを交換する準備をしたり、ときには機能を完成させるために数日から1週間の間、別のチームに移籍したりする」方法を説明している[128]。ハイジ・ヘルファンドによれば、「意図的に組織内のチーム変更を計画するということは、新しい学習機会を提供することなのだ」[129]。

変更は、関係者の完全な同意、理解、および熱意を持って慎重に（そしておそらく一時的に）行うことが極めて重要だ。ハイジ・ヘルファンドの『Dynamic Reteaming』には、チームの変更をできるだけスムーズに行うための有用なアドバイスがたくさん掲載されている。

● チームインタラクションの不自然さを利用して、足りない能力と誤った境界を感知する

チームインタラクションのパターンは、システム設計の問題を検出して対応するのに使える。それによって、コードが本番環境に反映されてしまう前に、ソフトウェアの問題を予測できるかもしれない。

2つの例を見てみよう。

1. コンプリケイテッド・サブシステムチームの提供する計算コンポーネントを「サービスとして」利用しなければいけないストリームアラインドチームは、そのためにコンプリケイテッド・サブシステムチームとインスタントメッセンジャーでやりとりしたり直接会って話したりすることにかなりの時間を費やしている。

2. プラットフォームチームは、新しい技術的アプローチを評価するた

めにストリームアラインドチームとは密接にコラボレーションすることを期待されているが、他のチームからのインタラクションはほとんどない。

最初の例では、X-as-a-Serviceインタラクションは摩擦を減らすべきで、一時的または限定的なコミュニケーションにとどめておくべきだというのはわかる。ストリームアラインドチームがコンポーネントを使おうとして何時間も費やしているのであれば、これは何かが間違っているというシグナルだ。コンポーネント境界は正しい位置にあるか？　コンポーネントAPIはうまく定義されているか？　そのコンポーネントは使いやすいか？　コンプリケイテッド・サブシステムチームは、UXやDevExなどの能力をチーム内に持っているか？

2つ目の例では、プラットフォームチームには、ストリームアラインドチームとの重要なコミュニケーションが期待されている。これは彼らが新しいコラボレーションモードを使用して、新しい技術的ソリューションを共に探していくことになっているからだ。この例では、チーム間コミュニケーションの不在が、ストリームアラインドチームに何か問題が起きていることを示唆している。彼らはこの時点でコラボレーションモードを採用することの価値を理解しているのだろうか？　このコラボレーションを実施するのに十分なスキルを持っているのだろうか？　それとも別のチームのほうが適してはいないか？　チームが橋を架けようとしている境界は、あまりにも大がかりではないか？

ドン・レイネルトセンの言うように、「役割間の空白、誰も責任を感じていないギャップに注意が必要だ」[130]。

> **TIP**
>
> イベントストーミングやコンテキストマップといったドメイン駆動設計（DDD）のテクニックによって、適切な境界はどんどん見つけやすくなる。DDDの詳細についてはChapter 6を参照のこと。

まとめ ３つの明瞭なチームインタラクションモード

ソフトウェアを構築し運用する効果的でモダンな組織は、チーム間のインタラクションの産物だ。しかし、多くの組織では優れたチームインタラクションがどのようなものかを定義し損ねており、混乱や頭痛の種、非効率を招く。責任境界を持つチームをただ定義するだけでは、効果的な社会技術システムを構築するには不十分だ。つまり、チーム間に実用的で効果的なインタラクションを定義することも必要なのだ。

本章では、中心となる３つのインタラクションモードが、組織におけるすべてのチームインタラクションに必要とされる明確さをどのように提供するかを見てきた。

- **コラボレーション**：２チームが一定期間密接に作業をすることで、新しいパターンや手法や制限を発見する。責任は共有され境界は曖昧になるが、問題はすばやく解決し、組織はすばやく学習する
- **X-as-a-Service**：一方のチームが別のチームから「サービスとして」提供されたもの（サービスやAPIなど）を使用する。責任は明確に定義されており、境界が効果的であれば、利用する側のチームはすばやいデリバリーが可能になる。サービスを提供する側のチームは、サービスをできるだけ利用しやすくすることを目指す
- **ファシリテーション**：一方のチームが、別のチームが新しいアプローチを学習したり習得したりするのを一定期間支援する。ファシリテーションを行う側のチームは相手チームをできるだけ早く独り立ちさせることを目標とし、ファシリテーションをされる側のチームは学習に対してオープンな態度を取る

４つのチームタイプと３つのチームインタラクションを組み合わせることで、多くの組織が経験するような曖昧さや対立は避けられ、明確で強力

な方法によってチームベースの組織の有効性が高まる。

組織的センシングで
チーム構造を進化させる

Evolve Team Structures with Organizational Sensing

> 最初の設計が最良であることはほぼない。すでに広まってしまったシステムの構想を変える必要が出てくることもある。だからこそ、効果的な設計のために組織の柔軟性が重要になるのだ。
>
> —— メルヴィン・コンウェイ、「How Do Committees Invent?
> （委員会はどのように発明するのか）」

現代の組織は、規制やマーケットの状況、顧客やユーザーの要求、急速に変化する流行、技術的な能力の大幅な変化に対応していくなかで、大きな課題に直面している。勝ち組のモダンな組織になるには、適応性を考慮して設計し、変化する環境に合わせて形を変えていく能力が必要だ。したがって、ソフトウェアシステムを構築し実行するためのモダンな組織を設計する際に最も重要なのは、組織自体の形態ではない。新しい課題が発生したときに組織を適応させ変化させていくための決定ルールと経験則だ。つまり、組織だけでなく、設計ルール自体も設計すべきなのだ。

　本章では、Chapter 5で触れたコンウェイの法則や、チームファーストの意思決定、4つの基本的なチームタイプの本来の意味を踏まえて、ソフトウェアを原動力とするモダンな組織のための設計ルールを取り上げる。

CHAPTER EIGHT

どれくらいのコラボレーションがチームインタラクションに適切か

　Chapter 7で見たように、2つの主要なインタラクションモードは、コ

ラボレーション（異なるスキルを持つ2チームが一緒に何かに取り組む）とX-as-a-Service（1チームが提供側になり、もう1チームが利用側になるため、コラボレーションはあまり必要とされない）だ。どちらのモードのほうがよいとか悪いとかではない。単に、仕事の種類によって適したモードがあると認めることが重要だ。

コラボレーションは、すばやい探索とか、引き継ぎや遅延の回避には適しているが、認知負荷が高くなるのが欠点だ。コラボレーションでは、双方が相手への理解を深める必要があるため、チームメンバーが頭に入れておく必要のあることが増える。だが、組織が非常にすばやいイノベーションを望むのであれば、この「コラボレーション税」にはそれだけの価値がある。

対照的に、X-as-a-Serviceでは、どのチームがどこのオーナーシップを持っているのかが非常に明確になる。また、チームごとに必要とされる不文律も減り、関係性の両側における認知負荷も低くなる。総じて、コラボレーションよりもX-as-a-Serviceのほうがチームのイノベーションは遅くなりがちだ。これはまさに、クリーンなAPIが定義されてインタラクションに介在することによって、インタラクションの可能性を制限しているためだ。X-as-a-Serviceは、すばやい探索よりも予測可能なデリバリーのほうが重要となる場合に最適だ。

このアプローチは、ハイパフォーマンスな組織に関する最近の研究によって裏付けられている。『LeanとDevOpsの科学』から引用しよう。

> アーキテクチャ関連のケイパビリティでパフォーマンス（ITパフォーマンスを向上させる効果がある）が高かったチームは、デリバリ担当チーム間でのやり取りをほとんど必要とせずに作業を完遂でき、システムのアーキテクチャも、担当チームが他チームに依存せずにシステムのテスト・デプロイ・変更を行える設計となっている。言い換えると「チームとアーキテクチャが疎結合」なのである [131]。

CHAPTER EIGHT

TIP

チーム間のコラボレーションは、価値が明確な活動に限定しよう

　コラボレーションにはコストがかかる。不必要なコラボレーションは、非常にコストが高い。それが下位のプラットフォームの不備や能力不足を覆い隠すような場合はなおさらだ。したがって、コラボレーション活動は、探索や能力の向上、弱点の補強など、すべてにおいて価値の妥当性を説明できるものでなければいけない。

　ハイパフォーマンスな組織と呼べるレベルに到達するには、チーム間のインタラクションごとに適切なコラボレーションの量を決めることが重要だ。単に、チームAがチームBのサービスを簡単に利用できるようにすべきなのだろうか？　それがまだできない場合、チームAはチームBと短期間（3週間？　3か月？）コラボレーションして、チームBのAPI定義をより良くし、チームAが「サービスとして」利用できるようにすべきなのだろうか？　コラボレーションがチームAとチームBのシステムの各部分の境界を曖昧にする傾向があることを踏まえると、チームはいったい何についてコラボレーションすべきなのだろうか？

CASE STUDY

uSwitch[8]の組織改革を推進するKubernetesの採用

ポール・イングルス、エンジニアリング統括、uSwitch

　消費者評価サービスuSwitchのポール・イングルスは、何年もかけて徐々に複雑性が増した結果、理解しなければいけない下位の技術スタックが増えすぎて、チームが適切に効果を発揮できないことに気づいた経緯を説明している。

　必要なのは、開発チームの認知負荷を最小化する、プラットフォームの抽象化だった[132]。彼らはこの移行を促進するために、新しいク

---

8 訳注　現在はUswitchと表記するように変わっている

ラウドインフラストラクチャーの抽象化（Kubernetes）を採用した。

「私たちはKubernetesを使いたいから組織を変えたのではない。組織を変えたいからKubernetesを使ったのだ」[133]。

このように、チームインタラクションにおける変化を意図的に利用してデリバリー能力に有益な変化を強制することが、強力で戦略的な技術リーダーシップの本質なのだ。

新しいプラクティスの学習と導入を促進する

　2チームのインタラクションモードを意図的にコラボレーションに変更すると、組織が新しいプラクティスやアプローチをすばやく学習し導入するのを強力に後押しする。テスト自動化のような価値のあるプラクティスについて経験豊富なチームがいて、彼らからメリットを享受できるチームがいるといった場合を考えてみよう。その2チームを一緒にして数か月間コラボレーションモードに置くことで、チーム間のAPIを改善し定義するのに役立つだけでなく、2つ目のチームの能力を段階的に変えていくことにもなる。この「意図的なコラボレーション」は、利用技術やそれに関するプラクティスの違いなど、2つのグループのこれまでの経験がまるで異なるような状況で特に有益だ。

　クラウドベースのソフトウェアの構築に長けたチームが、組み込みソフトウェアを搭載したIoTデバイス群からデータを受信するようなメトリクス収集分析ソフトウェアを構築し、クラウド上で動かすといった場合を考えてみよう（図8.1）。このチームに、はるかに経験が劣る組み込みソフトウェア専門のチームと密接にコラボレーションさせてみる。そうすると両チームとも、この組み込み/クラウド技術の壁を超えて課題をより深く理解できるようになるだけでなく、テスト自動化にもメリットをもたらす。

　おそらくクラウドチームはテスト環境を一時的かつ動的なものとして扱うので、組み込みチームはテストにすばやくアプローチできるようになるだろう。一方で、組み込みチームのおかげで、クラウドチームは組み込み

CHAPTER EIGHT

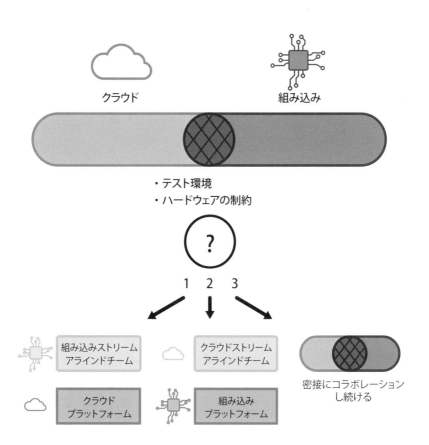

図8.1　クラウドチームと組み込みチームのコラボレーション

2チーム（「クラウド」と「組み込み」）がコラボレーションし、プラクティスを共有し理解を深める。その結果、将来のチームインタラクションに関する3つの選択肢が浮かび上がってくる。その3つとは、クラウドソフトウェアを組み込みチームが使用するプラットフォームとして扱うか、組み込みデバイスをクラウドチームが使用するプラットフォームとして扱うか、引き続き密接にコラボレーションするかである。

IoTデバイスのメモリや処理の制約を理解し、制約のあるハードウェアに合わせてコードやプロトコルを調整できるようになるはずだ。

　このようなコラボレーション期間を置くことで、クラウドソフトウェアまたは組み込みデバイスを本書で言うプラットフォームとして扱えるか、扱うべきかを評価できる。もちろん、プラットフォーム提供チームにふさ

わしいふるまいができることが前提だ。イネイブリングチームから何らか
の仲介を受けながら、チームがコラボレーションを続けるという選択肢も
ある。そうやってコラボレーションを続けていれば、それぞれのチームの
変化の歩調がだんだんそろってくる。ストリームアラインドチームの「ペ
ア」が生まれることになるのだ。

CASE STUDY

TransUnionにおけるチームトポロジーの進化（その２）

デイブ・ホチキス、プラットフォーム構築マネジャー、TransUnion

（Chapter 4からの続き）

2014年にデジタルトランスフォーメーションを開始したとき、開
発（Dev）グループと運用（Ops）グループの間に大きな溝があるこ
とに気づいた。エバンジェリストチームを別に用意して、DevとOps
の溝を埋めるという方法があることはわかっていたが、私たちの溝は
あまりに深かったため、２つのチームを用意することにした。

まずDevグループからシステム構築チーム（SB）を作り、Opsグ
ループからプラットフォーム構築チーム（PB）を作った。そしてシ
ステム構築チーム（SB）とプラットフォーム構築チーム（PB）を密
接にコラボレーションさせることに集中した。すべてのDevチーム
とすべてのOpsチームをコラボレーションさせるのに比べれば、シ
ンプルに解決できる問題になった（図8.2）。

DevOpsチームトポロジーのパターンにヒントを得て、チームの進
化の時系列を描いた。まずDevチーム内での認知度や実行可能性に
重点を置く必要があると考えていたため、最初のチームの進化は、シ
ステム構築チーム（SB）がDevチームやプラットフォーム構築チー
ム（PB）と密接にコラボレーションするようになることだった。こ
の進化は、デプロイ自動化、メトリクス、ロギング、その他運用面で
の諸々の改善に大きく貢献した（図8.3）。

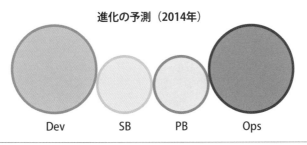

進化の予測（2014年）

Dev　　SB　　PB　　Ops

図8.2　TransUnion におけるシステム構築チーム（SB）と
プラットフォーム構築チーム（PB）

Dev からのチーム (SB) と Ops からのチーム (PB) が密接なインタラクションを探っている。

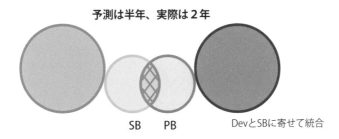

予測は半年、実際は2年

SB　PB　　　DevとSBに寄せて統合

図8.3　TransUnion におけるシステム構築チーム（SB）と
プラットフォーム構築チーム（PB）のコラボレーション

SB と PB、2つのチームが密接にコラボレーションしている。

　2014年当時、システム構築チーム（SB）とプラットフォーム構築
チーム（PB）は、1年以内に優れたイネイブリングチームに進化させ
られると考えていた。だが、サービスのAzureへの移行と同時進行
だったこともあり、実際の移行には当初考えていたよりもかなり長い
時間（3年以上も！）がかかった。それでも2018年の初めには移行
後の形で働けるようになった（図8.4）。これはビジネスとして明らか
にメリットがあった。本番環境の変更を安全に、より定期的に行える
ようになり、デプロイのミスは減り、変更のトレーサビリティーも向上
した。TransUnionがビジネスを行う金融業界には厳しい規制があり、

予測は1年強、実際は4年

DevOps
（SB + PB）

SBとPBは完全に統合されたが、
まだ別のチームとして
認識されている

> **図8.4　TransUnion におけるシステム構築チーム（SB）と**
> **プラットフォーム構築チーム（PB）の統合**

システム構築チーム（SB）とプラットフォーム構築チーム（PB）が統合し、Dev と Ops を
1つにしている。

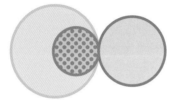

2018年

プロダクトチームに
統合されたSBとPB

> **図8.5　TransUnion におけるシステム構築チーム（SB）と**
> **プラットフォーム構築チーム（PB）の Dev と Ops への再統合**

システム構築チーム（SB）とプラットフォーム構築チーム（PB）が Dev と Ops に再統
合され、Platform as a Service を提供している。

変更トレーサビリティーは必須である。

　2018年の終わりには、さらに進化が進んだ。分割していたシステ
ム構築チーム（SB）をDevチームに、プラットフォーム構築チーム
（PB）をOpsチームについに戻すことができた。運用上の意識と説明
責任は向上し、Opsチームに下位のプラットフォームの管理を任せつ
つ、戦略的なインフラストラクチャーのいくつかはAzure上で運用で
きるようになった（図8.5）。

　早いうちにチームの進化の重要性に気づいたことが、私たちの成功

要因であった。変化に時間がかかることを理解し、変化しつつも明確な責任境界を認識することで、人々はプロセスのなかの自分の役割を理解できるようになったのだ。

チームトポロジーの絶え間ない進化

コラボレーションはコストがかかるが新しいアプローチの探索には適しており、X-as-a-Serviceは予測可能なデリバリーに適している。ということは、ソフトウェアシステムの各領域や各チームのニーズに合うようにチームを作ることも可能だ。しかし、要求や運用のコンテキストが変わったらどうなるのだろうか？

各チームのインタラクションモードは、チームが達成すべきことに応じて、定期的に変わる可能性がある。あるチームが他のチームの扱っている技術スタックの一部や論理ドメインモデルの一部を調査する必要がある場合には、一定期間コラボレーションモードを使用することへの合意が必要だ。他のチームとともに新しいアプローチの探索に成功したことを受けて、チームがデリバリーの予測可能性を向上させる必要がある場合は、コラボレーションモードからX-as-a-Serviceに移行して、チーム間のAPIを定義しなければいけない。

このようにチームは、達成すべきことに応じて、一定期間は異なるインタラクションモードを採用するのが当然だ。もちろん、コンウェイの法則によれば、コラボレーションモードの一環として探索しすばやく学習している間は、チームがX-as-a-Serviceを使ってインタラクションしているときに比べて、ソフトウェアの責任とアーキテクチャーが「混合」されやすくなる可能性がある。この曖昧さを予期しておこう。チームがX-as-a-Serviceに移行するにつれてAPIを厳密にすれば、扱いにくいチームインタラクション（「APIがうまく設計されていない」など）は避けられるようになる。

密接なコラボレーションから限定的なコラボレーション、そしてX-as-

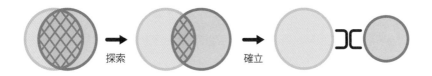

探索　　　　　　　確立

図8.6　チームトポロジーの進化

密接なコラボレーション、限定的なコラボレーション（探索）、確立された予測可能なデリバリー
のための X-as-a-Service と、チームトポロジーが進化する。

a-Serviceに至るまでのチームトポロジーの進化を図8.6に示す。

　探索によって技術やプロダクトへの理解が深まるにつれて、初期の密接
なコラボレーションは発展し、コラボレーションする対象の数を減らす。
さらにプロダクト境界やサービス境界が確立されると、X-as-a-Serviceへ
と発展していく。

　さらに大規模な企業では、この「探索から確立へ」のパターンが開発段
階の異なるチームにおいて常に発生するはずだ。図8.7に示すように複数
の探索活動が同時に行われ、他のチームは明瞭なAPIをサービスとして利
用できるだろう。

　特にイノベーションの割合が非常に高い場合、組織によっては、いつま
でも他チームとのコラボレーションを利用して活動するチームもあるかも
しれない。またある組織では、明瞭な問題領域において、十分理解できて
いる業務上の問題を実行する必要性が高いという理由で、ほとんどが
X-as-a-Serviceのインタラクションに向かう傾向があるかもしれない。こ
こで重要なのは、チームが達成すべきことによって、必要なインタラク
ションモードは異なるということだ。

　最終的には、特定の理由でチームインタラクションがコラボレーション
とX-as-a-Serviceの間を行き来することを期待し奨励することで、組織は
アジリティを獲得できる。

　組織内のチーム間の相互関係を明瞭で動的なものにし続けることは、ジェ
フ・サスナが言うところの、内外の状況に対応する「継続的設計能力[134]」

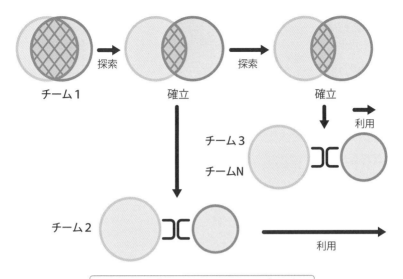

図 8.7　企業におけるチームトポロジー

チーム1はプラットフォームチームとのコラボレーションを続け、新しいパターンや新しい技術の使い方を発見している。この探索活動によって、チーム2は最終的にプラットフォームチームとの間にX-as-a-Serviceの関係を導入できる。その後、チーム3より先は最新バージョンのプラットフォームを導入し、プラットフォームチームと密接にコラボレーションすることなくサービスとして利用する。

の基盤となる。この動的な再形成が、重要な戦略的能力を提供する。組織変革の専門家であるジョン・P・コッターはこう言っている。

「（戦略は）『検索、実行、学習、修正』が継続的に行われることだと考えている。（中略）組織は、戦略のスキルを発揮すればするほど、競争の激しい環境にうまく対応できるようになる[135]」。

 TIP

　チームの目的や状況に合わせて、組織の各所で多様なチームをそれぞれのタイミングで進化させよ。

　チームインタラクションは、チームが何をしているかに応じて、時間を追うごとに明示的に進化させる必要があることを見てきた。探索フェーズでは、ある程度のコラボレーションは当然だが、密接なコラボレーション

が組織全体にスケールすることはめったにない。多くのチームがサービスとして簡単に利用できる、明瞭で有能なプラットフォームを確立することが、その目的であるべきだ。

　組織は、新しいコモディティサービスやプラットフォームが利用可能になっていくにつれ、探索活動から移行して、徐々に予測可能なデリバリーを確立することを目指すべきだ。組織にとっては、組織内の異なるチームの人たちが経験することは、いつ何に取り組んでいるかによって異なる、ということを示唆する。すべてのチームが同じ方法で他のチームとインタラクションするわけではない。そして、それこそが私たちが望んでいるものなのだ。

　多様なトポロジーと多様なチームインタラクションは、組織の各所での目的や状況に応じて、それぞれのタイミングで進化させなければいけない。組織は「自分たちは何かを発見しようとしているのか？　どれくらいの速さで？」と自問しなければいけない。同じ机に、あるいは単に同じ建物の同じ階に人を集めて、適度な量のコラボレーションを促す近接性を実現しなければいけない場合もあるだろう。また、チームが別のフロアや別の建物に移動して、API境界を引くこともあるだろう。コミュニケーションの面でわずかな距離を置くことで、それが可能になる（オフィスレイアウトの詳細についてはChapter 3を参照）。

　組織におけるチームトポロジーは、数か月にわたってゆっくりと変化する。毎日や毎週ではない。数か月かけて、インタラクションモードに変化を促し、それに付随してソフトウェアアーキテクチャーにも変化が起こることを期待すべきなのだ。

CASE STUDY

Sky Betting & Gaming-プラットフォームフィーチャーチーム（その2）

マイケル・マイバウム、チーフアーキテクト、Sky Betting & Gaming
（Chapter 5からの続き）

プラットフォーム進化チームは限界に達しており、判断を下す必要があった。チームを解散して、かなり大規模になっていたプロダクトチームのそれぞれに構成管理の責任を負わせるか、各プロダクトチームをより効果的に支援できる方法を模索し、高品質で信頼性の高いデリバリーを加速できるようにするかだ。

　私たちはプラットフォーム進化チームを変える必要があると判断した。サービスと支援の能力を備えたプロダクトチームに変えて、他のチームが利用できるサービスを設計、開発できるようにするのだ。つまり、チームはビジネスに価値をもたらす機能に集中する必要があったのだ。

　プラットフォーム進化チームはプラットフォームサービスチームとなり、これまでとは異なる世界観で働き始めた。ミッションは、顧客指向の機能と能力を持ち、他のチームを支援できるように設計したサービスを提供できるようになることだ。プラットフォームサービスはプロダクト主導のチームとなったのだ。

　プラットフォームサービスは、Chefのモノリスを解体する作業の傍ら、顧客中心のサービスをたくさん開発した。AWSの統合、ビルドとテスト環境、ロギングプラットフォームなどの付加価値のあるサービスがあり、一元管理されていた。いずれの場合も、プラットフォームサービスは、チームが必要とする基本的な能力を持つマネージドサービス相当のサービスを提供した（これらは、理論上はチーム自身でも構築できるものだった）。プラットフォームサービスは個別対応にも時間をかけ、自社の環境で標準ツールをより使いやすく価値のあるものにした。そうすることで、業務に関わる多くのチームで同じ対応策を繰り返すというオーバーヘッドを削減できた。

　この期間、プラットフォーム進化／プラットフォームサービスチームは社内のソフトウェアチームと最も密接に連携していた。特にインフラストラクチャーチームとプラットフォームサービスとの間でよく議論となったのは、適切な責任境界についてだった。プラットフォー

ムサービスは、ファイアウォール、ロードバランサーの自動化、AWSの利用増大に対応するためのツール、機密管理、公開鍵暗号基盤などを構築していたが、インフラストラクチャーチームとの組織的な境界で苦労することが多かった。「プラットフォーム層」において、インフラストラクチャーはどこまで責任を負うべきなのだろうか？　もう少し丁寧に言うと、組織構造はプロダクトをサポートできるようになっていたか、ということだ。

　この議論が始まってみると、インフラストラクチャーチーム内の組織構造でも同じような課題があることが明らかになった。ビジネスの周りでチームとして開発と運用が明確に分割されている主要な機能は、もはやインフラストラクチャーだけになっており、他のやり方を試してみようという機運があった。インフラストラクチャーは、プロダクトとサービスを中心として再編された。小さな複数のチームがビジネス周辺の顧客向けに改善の責任を負い、一連の関連サービスにおけるエンドツーエンドのライフサイクルを担当した。この変革のなかで、プラットフォームサービスの最適な配置場所がわかった。インフラストラクチャーとの間にチームを配置するのではなく、インフラストラクチャー機能の一部として配置すれば良かったのだ。

　ロードバランサーやファイアウォールの自動化など、ネットワーク関連のスクワッドの一部に自然に配置されたサービスもあったが、2つのプラットフォームサービスのスクワッド、プラットフォーム・エンジニアリングとデリバリー・エンジニアリングに残ったサービスもあった。自動化能力を持っていなかったインフラストラクチャーのサービススクワッドには、自動化エンジニアを配置し、より広範な業務に関与できるようなインフラストラクチャープロダクトを開発した。

　顧客向けプロダクトのフィーチャーチームがあるのと同じように、インフラストラクチャープラットフォームのフィーチャーチームが配置されるようになった。変化は単純ではなく、課題もあったが、関与のレベルやオーナーシップの改善、他の業務エリアとのストレスの軽

減などを見れば、この変化が変革と呼ぶにふさわしい成果をもたらしたのは明らかだ。業務側から見ると、誰と話せば良いか、どのチームが何をなぜ行っているかが明確になった。以前はすべて「インフラストラクチャー」として見えていたのが解消されたのだ。

チームタイプの組み合わせによる効果の向上

いかなるときでも、チームが違えば、同じ組織だとしても必要になるインタラクションやコラボレーションは異なる。異なるチームタイプが同時に見られるのは当然だ。ある程度チーム間でコラボレーションがあるのは当然だが、コラボレーションが組織全体にスケールすることはめったにない。チームの数が増えるほど、サービスとして利用するほうが効果は高くなる。

たとえば、4つのストリームアラインドチームがソフトウェアシステムの別の箇所を構築しているとする。1チームがプラットフォームチームとのコラボレーションモードにあり、新しいロギング技術を探索していて、他の3チームは単にX-as-a-Serviceモードでプラットフォームを利用している。

同じ図式を当てはめると、インタラクションはこのようになるだろう。最初のストリームアラインドチームは、プラットフォームチームとのコラボレーションの形でインタラクションを行う。新しい技術的アプローチについてコラボレーションしあい、新しい手法を高速で習得する。ストリームアラインドチームはイネイブリングチームに支えられる。他の3つのストリームアラインドチームはプラットフォームをサービスとしてとして扱い、同じように、イネイブリングチームに支えられる。これらの異なるインタラクションは、ストリームアラインドチームの行う仕事の性質と、チームの構築するソフトウェアに存在するインタラクションの種類を反映するために存在している。

この例では、3種類のチームインタラクションが同時に発生している。つまり、ストリームアラインドチームは、イネイブリングチームとのファ

シリテーションのインタラクションを経験しており、4つのストリームアラインドチームのうち3チームは、X-as-a-Serviceのインタラクションを期待している。そして、残る1つのストリームアラインドチームは、コラボレーションのインタラクションを通じてプラットフォームチームと一緒に探索している。

インタラクションモードは明白かつ明瞭な目的と結び付けられているため、その組織のチームのメンバーは、なぜ他のチームとそれぞれ別の方法でインタラクションするのかを理解する。これによってチーム内のエンゲージメントが高まり、チームはインタラクションによって生じた摩擦をシグナルとして利用し、ある範囲の問題を検出できるようになる。これらのシグナルについては、次の節でいくつか見ていこう。

チームトポロジーの進化のきっかけ

Chapter 5のアドバイスを使えば、特定の時点において組織構造を4つの基本的なチームタイプに結び付けることは極めて容易だ。しかし、組織がしかるべき自覚を持って、チーム構造を進化させるタイミングに気づくことは容易ではないことが多い。組織内のチームトポロジーを再設計するきっかけになる状況はいくつかある。これらを知って学べば、組織は自らの義務を理解し、適応と進化を続けられるようになるだろう。

● きっかけ：1チームで扱うにはソフトウェアが大きくなりすぎている

［兆 候］

- スタートアップ企業が成長し、人数が15人を超える
- たった1チームが変更を行うだけで、他のたくさんのチームが長く待たされる
- システム内の特定のコンポーネントやワークフローへの変更は、多忙だろうと不在だろうと、いつも決まって同じ人に割り当てられる

・チームメンバーは、システムドキュメントの不足に不満を持っている

[背 景]

　追加される機能が増え、プロダクトを導入する顧客も増えるにつれて、成功したソフトウェアプロダクトはどんどん巨大化する傾向がある。初めのうちは、プロダクトチームの全員がコードベースに等しく幅広い理解を持つことは可能かもしれない。だがそれは、時間が経つにつれどんどん難しくなっていく。

　これが、さまざまなシステムのコンポーネントに関して、チーム内に暗黙のうちに専門化を引き起こす。特定のコンポーネントやワークフローの変更が必要な要求は、いつも決まって同じチームメンバーに割り当てられる。そのほうが他のチームメンバーがデリバリーするより早いからだ。

　この専門化を強化するサイクルが局所最適化（「この要求を早くデリバリーする」）であり、「今最も優先すべき仕事は何か」ではなく「わかっているのは誰か」に計画が左右されると、チームの作業フロー全体に悪影響を及ぼす可能性がある。このレベルの専門化はデリバリーのボトルネックになる（『The DevOps ハンドブック』（日経BP、2017年）に出てくるフェニックスプロジェクトと同じだ）。常態化すると、個人のモチベーションに悪影響を与える可能性もある。

　また別の側面が見えてくるのは、チームがシステムの全体像を把握しきれなくなったときだ。結果として、いつシステムが大きくなりすぎたのかに気づく能力を失ってしまう。システムの大きさとコード行数や機能数にはある程度の相関関係がある。だが、ここで最も懸念されるのは、システムへの変更を効果的な方法で処理するための認知容量には限界があるという点だ。

● きっかけ：デリバリーのリズムが遅くなり始めている

[兆 候]

・チームメンバーが、変更のリリースに以前より時間がかかるように

なったと定性的に感じている

・チームのベロシティやスループットのメトリクスが、1年前と比べて明らかに低下している（常に多少の変動はあるものなので、偶然ではないことの確認は必要だ）

・チームメンバーが、以前のほうがデリバリープロセスはシンプルで手順も少なかったと不満を言っている

・別のチームのアクションを待つ変更が多く、仕掛りの作業は増える一方だ

［背景］

　長続きするハイパフォーマンスなプロダクトチームは、より効率的な共同作業の方法を見つけてデリバリーのボトルネックを取り除くことで、デリバリー頻度を着実に向上させることができるはずだ。だが、このようなチームが活躍するには、プロダクトのライフサイクル全体にわたってチームに自律性を持たせることが前提条件となる。つまり、他のチームが新しいインフラストラクチャーを作るのを待つといったような、外部チームへの強い依存関係を作らないようにするのだ。一方で、内部プラットフォームを介して新しいインフラストラクチャーを自前で調達できるようになることは弱い依存関係だ（プラットフォームチームがプロビジョニングの自前サービスを保守している場合）。

　このレベルの自律性を達成することは、多くの組織にとっては難しい。実際、真逆のことをよく目にする。チーム間に新たな強い依存関係を増やして自律性を低くしてしまうのだ。たとえば、テストカバレッジの向上を目的として、全プロダクトのテストを一元化するためのQAチームを作ろうとすることがある。理論上は、効率的に作業をテスターに割り振ることができそうにも思える。しかし、目的自体はよくても、このチーム設計ではQAという「職能型サイロ」が作られる。これでは、ソフトウェアをデリバリーするすべてのチームが、アップデートをテストするのにQAチームを待つ必要が生じてしまう。

2010年代には、DevOpsの出現により、開発チームと運用チームの溝が浮き彫りになった。だが、プロダクトデリバリーのライフサイクルに介在する他のすべてのサイロも、程度はどうあれ同じ問題を抱えているのだ。

　また、技術的負債のせいでデリバリーが遅くなっているという可能性も忘れてはいけない。こうなるとコードベースの複雑さは高まり、わずかな変更にもコストがかかり頻繁にバグが再発するような状態になる可能性がある。コードベースが作成された当初に比べて、開発と安定化にかかる時間が長くなるのだ。

● きっかけ：複数の業務サービスが大量の下位のサービス群に依存している

[兆 候]

- ・ストリームアラインドチームが、自分たちのサービス領域においてエンドツーエンドのフローの全体像を把握できない
- ・結合するサブシステムの数と複雑さが理由で、円滑で速い変更フローを達成することが難しくなりつつある
- ・既存のサービス群やサブシステム群を「再利用」するのはますます困難になりつつある

[背 景]

　金融、保険、法律、政府など、規制の厳しい業界では、複数の上位の業務サービスが、数多くの下位のサービスやAPI、サブシステムに依存している場合がある。たとえば保険会社は、時間をかけて工場の機械の物理的チェックをしてから、保険見積りを出し直す必要があるかもしれない。あるいは銀行は、新規口座を開設するには住所証明書の交付を待つ必要があるかもしれない。これら上位の業務サービスが依存している下位システムが提供するのが、専門の決済機能、データクレンジング、本人確認、法的な身辺調査のサービスなどで、それぞれのサービスの進化や維持のために

複数チームが従事している。おそらく機械学習によって強化されたビジネスプロセスマネジメント（BPM）は、こういう場合の作業の一部を自動化するのに役立つ。しかしそれでもなお、その仕事に従事している、よくわかっているチームでも、BPMワークフローシナリオを設定しテストを実施する必要はなくならない。これらのサービスやサブシステムのなかには、内製で構築され提供されるものもあれば、外部サプライヤに提供してもらうものもあるだろう。

　有用なビジネス価値を提供するには、上位のストリームは多くの下位のサービスと統合することが必要だ（エンタープライズサービスマネジメントの領域）。ストリームが下位のサービスを別々に統合しなければいけないとしたら、フローの有効性を評価し、人間の判断が入る可能性のある長期実行プロセスのエラーを診断することは困難になるだろう。たとえば、下位のサービスが追跡の仕組みを公開していなかったり、トランザクション識別の方法がそれぞれ異なったりすることもある。

　このような複数サービス統合の問題に対するソリューションは2つある。1つは、下位のサービスやAPIを薄い「プラットフォームラッパー」で「プラットフォーム化」することで、リクエスト追跡のための相関ID、ヘルスチェックのエンドポイント、テストハーネス、サービスレベル目標、診断APIなどを備えた、ストリームアラインドチームのための一貫性のあるデベロッパーエクスペリエンス（DevEx）を提供することだ。この「アウタープラットフォーム」は下位のプラットフォーム上に構築されているものの、ストリームアラインドチームには下位のプラットフォームは見えない。2つ目は、ストリームアラインドチームを利用して、上位の業務サービスに運用テレメトリと障害診断の責任を持たせることだ。つまり「程よい」テレメトリ統合と診断機能を構築し進化させ、問題の発生箇所を検出できるようにするのだ。テレメトリと診断を管理下に置くことで、ストリームアラインドチームはストリーム内の変更フローを追跡し改善できるようになる（図8.8）。

　上位の業務サービスに関する豊富なテレメトリの一部として、ストリー

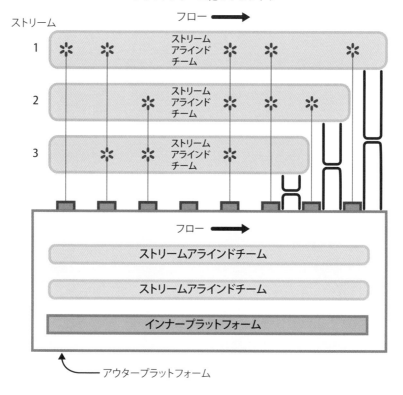

プラットフォーム化＋テレメトリ

図8.8 「プラットフォームラッパー」の例

「プラットフォーム・ラッパー」を使って下位のサービスとAPIを「プラットフォーム化」することで、上位の業務サービス（ストリーム）におけるフローの予測可能性を向上させ、ストリームがすべての依存関係を包括的なロードマップと一貫性のあるDevExを持つ単一のプラットフォームとして扱えるようにする。ストリームには豊富なテレメトリ機能があり、フローやプラットフォームのリソースの使用状況の追跡もできる。

ムアラインドチームが構築しオーナーシップを持つものは次の２つだ。１つ目は、一貫性のあるタイムスタンプのロギング、相関IDの一貫性、要求/応答の識別とロギングなど、プラットフォーム内で異なる下位のサービスやAPIを呼び出しても一貫性を提供する軽量なデジタルサービス「ラッパー」。２つ目は、デジタルサービスラッパーのロギング、メトリク

ス、およびダッシュボード操作。これにより、たとえ最初は「プラット
フォーム側」の見え方が一定でないにせよ、すべての「ストリーム側」の
調整は追跡できるようになる。

　上位の業務サービスにおける持続的かつ予測可能なフローを実現するた
めに、プラットフォームラッパーはプラットフォームサービスに関する
DevEx（ロギング、メトリクス、ダッシュボード、相関IDなどに関する
一貫性と標準）を改善しなければいけない。そうすることで、ストリーム
アラインドチームの構築したデジタルサービスラッパーの内側からトレー
サビリティーを上げていくことができるのだ。

自律操舵設計と開発

　歴史的に、多くの組織は「開発」と「運用」をソフトウェアデリバリー
における別々の2フェーズとして扱い、インタラクションはほとんどな
く、運用部門から開発部門へのフィードバックはほとんどなかった。現代
のソフトウェアデリバリーでは、まったく異なるアプローチを取るべき
だ。すなわち、ソフトウェアの運用部門は、開発部門の活動に有益なシグ
ナルとしてふるまい、シグナルを提供しなければいけない。運用部門を開
発部門に豊富な情報をもたらす入力センサーとして扱うことで、サイバネ
ティックフィードバックシステムが確立し、組織は自律操舵が可能になる
のだ。

● チームインタラクションをセンサーやシグナルとして扱う

　明瞭で安定したチームがソフトウェアシステムの各所のオーナーシップ
を実質的に持ち、明瞭なコミュニケーションパターンを使ってインタラク
ションすることで、組織は強力な戦略的能力である組織的センシングを発
揮し始めることが可能になる。

　組織的センシングでは、チームやチーム内外のコミュニケーションを組
織の感覚器官（視覚、聴覚、触覚、嗅覚、味覚）として利用する。ピー

ター・ドラッカーはこれを「外部のための合成感覚器官」と呼ぶ[136]。安定した明瞭な神経伝達経路がなければ、すべての生き物は何も効果的に感知できない。ものごとを感知して理解するために、生き物は明確で信頼できるコミュニケーション経路を必要とする。同じように、チーム間に明瞭で安定したコミュニケーション経路があれば、組織は組織の内外からのシグナルの検出が可能になり、生き物のようになれる。

　多くの組織は、不安定で不明瞭なチームを持ち、主担当者に依存し、多くのスタッフの声をしばしば抑圧している。このような組織は、2つの意味で事実上「センスレス（無感覚、無意味）」だ。つまり、環境の状況を感知できなければ、やることは意味をなさない。かつてのように変化の速度を月単位あるいは年単位で計測していたときには、組織は非常に低速で制限のある環境センシングでもうまくやることができた。だが、今日のようなネットワークに接続された世界では、高精度センシングがないと組織は生き残れない。それはまるで、動物や他の生き物が競争的でダイナミックな自然環境で生き残るための感覚器官を必要とするのと同じだ。

　組織は、高精度でものごとを感知するだけでなく、すばやく反応する必要もある。一般的に生き物は、センシング（目、耳など）と入力への反応（手足、胴体など）のために、それぞれに特化した器官を持っている。チームが検出できるようになるシグナルの種類は、チームがやっていることや内外の顧客や他のチームなどとの距離によって異なる。しかしそれぞれのチームは、組織に入力センサーを提供する能力やチームインタラクションのパターンを調整することで、得た情報に反応する能力を持つようになるだろう。

　ありがたいことに、ナオミ・スタンフォードが「環境スキャニング[137]」と呼ぶこの仕事のために、私たちは最新のデジタルツールを活用できる。デジタルメトリクスとロギングからの豊富なテレメトリがあれば、チームはソフトウェアシステムの健康状態とパフォーマンスをリアルタイムで把握できる。そして、軽量でネットワークに接続されたデバイス（IoTや4IR）は、何千もの物理的な場所から定期的なセンサーデータを提供してく

れる。

　では、組織はどんなものを感知すべきなのだろうか？　組織が答えを見つけるには、これらの質問が役立つかもしれない。

- ・ユーザーがどのようにふるまう必要があるのか、またどのようにふるまいたいのかを誤解していなかったか？
- ・組織がよりうまく機能するために、インタラクションモードを変更する必要はないか？
- ・何かを作るのに内製を続けるべきか？　外部プロバイダーから調達するようにしていくべきか？
- ・チームAとチームBの密接なコラボレーションはまだ有効か？X-as-a-Serviceモデルに移行すべきではないか？
- ・チームCの仕事のフローは、可能な限りスムーズか？　どんな障害物が流れているか？
- ・チームD、E、F、Gのためのプラットフォームは、チームが必要とするものすべてを提供しているか？　イネイブリングチームが一定期間必要ではないか？
- ・2チーム間の約束はまだ有効かつ達成可能か？　約束をより現実的なものにするにはどこを変えなければいけないか？

● 開発部門に対する高付加価値な入力センサーとしてのIT運用部門

　すばやく行動するには、環境に関するフィードバックセンサーが必要だ。ソフトウェアの速い変更フローを維持するには、組織は組織的センシングとサイバネティック制御に投資しなければいけない。このフィードバックセンサーの重要な側面は、IT運用部門のチームを開発部門のチームのための高精度な入力センサーとして使用することだ。システムを運用するチーム（Ops）とシステムを構築しているチーム（Dev）の間で統合されたコミュニケーションを必要とする。残念なことに、多くの組織がす

ばやく安全に行動することを避けている。スリラム・ナラヤンはこう言う。

「コスト削減を目指すプロジェクトスポンサーは、保守作業にはより低コストの別のチームを選ぶ。これは不経済だ。ビジネスアウトカムは大きく損なわれ、ITのアジリティは低下する」[138]。

いわゆる「保守」作業のコストを最小限に抑えるための最適化に取り組むのではなく、保守作業からのシグナルをソフトウェア開発活動への入力として使用することが重要だ。ジーン・キムらは『The DevOps ハンドブック』のなかで「モダンでハイパフォーマンスな組織になる3つの方法」を定義している[139]。

1. **システム思考**：組織のごく一部だけでなく、全体の速いフローを最適化する
2. **フィードバックループ**：運用部門からの情報と指導による開発
3. **継続的な実験と学習の文化**：すべてのチームインタラクションに対するセンシングとフィードバック

2つ目と3つ目の方法は、OpsとDevの強力なコミュニケーション経路に依存する。Chapter 5で見たように、OpsからDevへの高精度な情報のフローを確実に連続させるための最も簡単な方法の1つは、OpsとDevを同じチームに配置するか、少なくとも同じ変更ストリームに沿って仕事をしているストリームアラインドチームにペアを組ませて、運用上のインシデントにスウォーミングさせることだ。まだこのモデルに移行していない組織や、独立した運用グループを持っている組織では、運用部門と開発部門の間でコミュニケーション経路を確立し育てることが不可欠だ。そうすることで、運用性、信頼性、ユーザビリティ、セキュリティなどの運用面での高精度な情報が提供される。これによって開発チームは軌道修正し、運用上のオーバーヘッドを削減し信頼性を向上させるソフトウェア設計に向けて進めるのだ。

OpsをDevへのインプットとして扱うには、分離されがちなこれらのグループの役割を根本的に見直す必要がある。『Designing Delivery』の著者であるジェフ・サスナは次のように述べている。

　「企業というものは一般的に運用を設計のアウトプットとして扱う。（中略）しかし、共感するためには、聞くことができなければいけない。聞くためには、運用からのインプットが必要だ。したがって、運用は設計へのインプットになるのだ」[140]。

　ジェフの言うように、ここでの目的は、私たちが構築しているソフトウェアやサービスを利用するさまざまなユーザーに共感することだ。ユーザーへの共感を高めることで、ユーザーとのインタラクションを改善し、ユーザーエクスペリエンスを向上させ、ユーザーのニーズをより満たすことができるのだ。

　ソフトウェアはますます「ユーザーのためのプロダクト」というより「ユーザーとの継続的な会話」になっている。この継続的な会話を効果的なものとし、成功させるために、組織にはソフトウェアの「ケアの継続性」が必要だ。ソフトウェアを設計し構築するチームは、最初から効果的に構築できるように、その運用面に関与しなければいけない。この「設計と運用」のケアの継続性を提供するチームは、ソフトウェアサービスの商業的な成長について何かしら責任を持つ必要がある。さもないと、財務的に現実から切り離された状態で意思決定が行われるだろう。

　どうすれば、チームが機能のコーディングを終えたあとも、長期間ソフトウェアを継続的にケアできるだろうか？　ケアの継続性を向上するための最も重要な変更点の1つは、「保守」または「通常業務」（BAU）チームを作らないことだ。『Agile IT Organization Design』の著者であるスリラム・ナラヤンは「分離された保守チームやマトリクス組織は（中略）反応性を妨げる」と述べている[141]。保守作業と初期の設計作業を分離することで、OpsからDevへのフィードバックループは壊れ、ソフトウェアの運用が設計に与えられたであろう影響は失われる（図8.9）。

　新機能用とBAU用に別々のチームを持つと、この2グループ間の学習

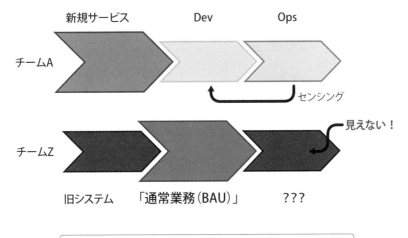

図 8.9　新規サービスと「通常業務」（BAU）チーム

「新機能」用とBAU用に別々のチームを持つと、学習や改善、自律操舵の能力が遠ざかりがちだ。
サイバネティックなアプローチではない。

が妨げられる傾向がある。新規サービスチームは新技術と新しい手法を実践できるが、これらのアプローチが有効かどうかを確認できない。新しい手法はダメージを与えるかもしれないが、新規サービスチームはそれを気にする理由がほとんどない。選択ミスによる辛さを味わうのはBAUチームだけだからだ。さらに、BAUチームは通常、既存のソフトウェアに新しいテレメトリ技術を適用する機会がほとんどなく、顧客の満足度や不満足度を示す可能性のあるシグナルに気づかないままになっている。

　それよりも、新規サービスと既存システムのBAUを並べて1つのチームに担当させたほうがはるかに効果的だ。新システムからのテレメトリを取り込み、組織の環境感知能力と自律操舵力を向上させることで、チームは旧システムからのシグナルの品質を高めることが可能になる（図8.10）。

　事実、各ストリームアラインドチームは、構築運用中の新システムに加えて、旧システムの面倒も見なければいけない。これによってユーザーやシステムの動作について幅広い学習が可能になり、以前のシステムでの失敗を繰り返さないようになる。

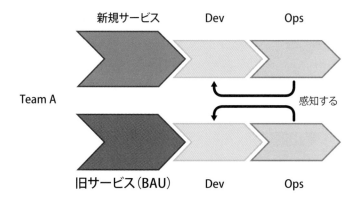

新規サービス　Dev　Ops

Team A

感知する

旧サービス（BAU）　Dev　Ops

図8.10　新規サービスと BAU のチームをペアにする

旧システムを保守するためのサイバネティックなアプローチでは、新規サービスと旧システム
を開発し実行する単一もしくはペアのストリームアラインドチームがある。これによって、チー
ムは新しいテレメトリを旧システムに取り込み、両システムからのセンシングの精度を高められ
る。

　最前線の運用システムから高精度な情報を生成し受信するには、高いス
キルと意識を持った人材が必要だ。つまり過去の多くのIT運用チームと
は対照的に、IT運用部門の人材に求められているのは、問題をすばやく
正確に認識して選別し、新機能の構築にあたる仲間に正確で有益な情報を
提供することである。IT運用部門のサービスデスクには、最も若手のス
タッフを配置する代わりに、組織内で最も経験豊富なエンジニアを単独で
配置するか、若手メンバーと二人三脚で配置するべきなのだ。

まとめ チームトポロジーの進化

　技術、マーケット、顧客やユーザーの要望、規制の要件などが急速に変
化しているため、成功している組織は当然、組織構造を定期的に適応させ
進化させる必要がある。一方で、ソフトウェアシステムを構築し運用する
組織は、フローやコンウェイの法則やチームファーストのアプローチ

（チームの認知負荷も含む）を踏まえて、チームインタラクションを確実に最適化させなければいけない。4つの基本的なチームタイプと3つの主要なインタラクションモードを導入すれば、組織はチームの目的を極めて明確に保つことができる。チームは、他のチームとのコラボレーション、「サービス」の提供または利用、ファシリテーションの提供と受け入れについて、実施のタイミング、やり方、理由を理解している。したがって、組織が新たな課題に取り組む際には常に、異なるチーム間には異なるインタラクションが行われることを予見すべきだ。

　明瞭なチームと明瞭なインタラクションモードを組み合わせると、変化する内外の状況に構造的に適応するための強力で柔軟な能力が組織にもたらされる。これによって、組織はその環境を「感知」して活動を修正し、集中して適合できるようになる。

CHAPTER 9
次世代デジタル運用モデル
The Next-Generation Digital Operating Model

> 権限移譲された小さなユニットを作ったときの2つ目の効果は、新しい情報への適応速度の向上だろう。
>
> —— ジョン・ロバーツ、『The Modern Firm』」

ほ とんどの組織はソフトウェアデリバリーについて長年同じ問題に悩まされてきた。新しい技術を使って解決すると約束したところで、実際にそうなることはほとんど（まったく）ない。この問題に含まれるのは、モチベーションの低いチーム、技術やマーケットの変化のたびに繰り返される多数の想定外の課題、コンウェイの法則の無視、チームが扱えないサイズまでのソフトウェアの肥大化、混乱を招く組織設計のオプションやデリバリーフレームワーク、チームが引っ張りだこになる、苦痛を伴う数年ごとの組織再編、貧弱な変更フローといったものだ。このような問題を抱えていない組織もある。だが、問題を避けようと何回試みていても、多くの組織はいくつかの問題を抱え、すべての問題に悩まされている組織も少なからずある。では、そのような問題の原因は何なのだろうか？

多くの組織がソフトウェアデリバリーについて無数の問題を抱えているのは、ソフトウェア開発の本質を捉えていないモデルを採用してしまっているからだ。「機能開発」にとらわれるあまり、モダンなソフトウェアに

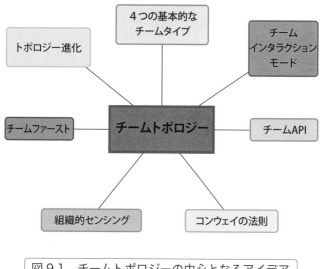

図 9.1　チームトポロジーの中心となるアイデア

必須な人間関係、チーム関係の力学を無視しているのだ。結果として、スタッフのエンゲージメントは下がる。認知負荷の限界を超えたときは、特に顕著だ。

　コンウェイの法則が本当に意味するところを多くの組織は無視している。アーキテクチャー上の選択で間違えるくらいならよいが、最悪の場合は、組織にのしかかる重しになり、現状のシステムを変えさせまいとする同形力と延々と「戦う」ために時間と労力を使うことになる。また、残念な「組織再編」によって、組織からどれだけイノベーションと継続的なソフトウェアデリバリーの戦略的能力が失われているのかを自覚していない組織も多い。

　チームのモデルやスケールデリバリーモデルはたくさんあるが、一見しただけでは個々の違いはわからない。さらに、チームのふるまいのパターンが示されておらず、他のチームとどのように効果的に接するべきかのガイドラインもないままだ。結果として、チーム間が密結合になったり、逆に孤立した自律チームを生んだりする。それらは、実際にはスケールしな

い。

　チームトポロジーは、チームファーストアプローチを適用し、4つの基本的なチームタイプと3つのインタラクションパターンを示し、デリバリーにおける困難を組織が環境を感知するためのものとして使うことで、これらの問題すべてに対応する。チームトポロジーは、チームのインタラクションや関係性について明瞭な方法を提示する。この方法に従うことで、生み出されるソフトウェアのアーキテクチャーが明快で持続可能になる。結果的に、チーム間の問題を有用なシグナルと扱えるようになり、組織の自律操舵を促す。まとめると、図9.1のようになる。

4つのチームタイプと3つのインタラクションモード

　ソフトウェアシステムの開発と運用に必要なのは、4つのチームタイプだけだ。これ以外のチームタイプは、組織にとって大きな害を及ぼす場合がある。

　4つの基本的なチームタイプは以下のとおりだ。

- ・ストリームアラインドチーム：ビジネスの主な変更フローに沿って配置されるチーム。職能横断型で、他のチームを待つことなく、利用可能な機能をデリバリーする能力を持つ
- ・プラットフォームチーム：下位のプラットフォームを扱うチームで、ストリームアラインドチームのデリバリーを助ける。プラットフォームは、直接使うと複雑な技術をシンプルにし、利用するチームの認知負荷を減らす
- ・イネイブリングチーム：転換期や学習期に、他のチームがソフトウェアを導入したり変更したりするのを助ける
- ・コンプリケイテッド・サブシステムチーム：普通のストリームアラインドチーム、プラットフォームチームが扱うには複雑すぎるサブシステムを扱うためのチーム。本当に必要な場合にだけ編成される

速いフローで効果的なソフトウェアのデリバリーを行うのに必要なの
は、これらのチームの組み合わせだけだ。だが、効果的なソフトウェアデ
リバリーとは何なのかを理解し、それを実現していくには、4つの基本的
なチームタイプ間のインタラクションモードも極めて重要である。

- コラボレーションモード：特に新しい技術やアプローチを探索してい
  る間、2つのチームがゴールを共有して一緒に働く。学習のペースを
  加速する上で、このオーバーヘッドには価値がある
- X-as-a-Serviceモード：あるチームが、別のチームが提供する何か
  を利用する（API、ツール、ソフトウェア製品全体など）。コラボレー
  ションは最小限になっている
- ファシリテーションモード：あるチーム（通常はイネイブリングチー
  ム）が、新しいアプローチの学習と適用を促すため、他のチームを
  ファシリテーションする

　これらの3つのインタラクションモードから外れるチーム間のインタラ
クションは無駄であり、チームの責任境界や目的が適切に割り当てられて
いないことを意味する。

チームファースト思考：認知負荷、チームAPI、チームサイズのアーキテクチャー

　チームの目的と責任範囲を明確化するため、チームタイプを選び、イン
タラクションモードを決める。チームトポロジーは、チームに関連するガ
イドラインをもたらす。これによって、ソフトウェアデリバリーが継続可
能なものとなり、この「チームファースト」アプローチをさらに進める。
　チームトポロジーアプローチは、チームをデリバリーのための基本的な
手段としている。チームはマネジャーを共有する単なる個人の集まりでは
ない。自身の学習、ゴール、ミッション、適切な自律性を持つ存在なの

だ。チームは共に学び、共にデリバリーする。そうなれば、個人の集合をはるかに超える成果をもたらせるようになる。チームの外部向けの「API」となるのはコードだけではない。ドキュメント、新しいメンバーを迎えるプロセス、他のチームとの直接の対話やチャットによる対話など、他のチームがメンバーと対話するのに必要なものは、何でも「API」である。

ソフトウェアが大きくなりすぎて、チームを圧倒するのを防ぐため、サブシステムやコンポーネントは単一のチームが管理可能なサイズに制限する。特に、チームが扱える認知負荷を超えないように注意する。チーム全体が、複雑さや心理的オーバーヘッドに不安を感じないようにする。この「チームサイズのアーキテクチャー」は、まず人にフォーカスする。ソフトウェアアーキテクチャーとしては、モノリシックやマイクロサービスのようなテクノロジーファーストのアーキテクチャーと比較して、より持続可能で人間的なアプローチである。

コンウェイの法則の戦略的適用

1968年、メルヴィン・コンウェイは、組織のコミュニケーション構造と生み出されるシステムの設計の関係性についての素晴らしい知見を発表した。「設計者同士の効率的なコミュニケーションを可能にする技法についての研究は、システムマネジメント技術のなかで極めて重要な役割を果たすだろう[142]」というものだ。この知見は、現在のソフトウェア中心組織への強力な後押し（と同時に制約）になっている。

現在のコンテキストでは、「設計者」を「ソフトウェアチーム」と読み替えられる。すなわち、チームの構造を再構成し、チーム間のコミュニケーションを促進あるいは意図的に制限することで、うまく稼働し自然に進化していくシステムを開発できる可能性を高められる。このことから帰結するのは、コラボレーションを増やすことは、必ずしもコミュニケーションを増やすことではない、ということだ。システムのある部分を短いリードタイムで独立してデプロイできるようにする必要性に気づき、その

ために小さくて結合していないサービスを使う判断をするなら、チームも同じように明確な責任境界を設定し、小さくて、結合しないようにする必要があるのだ。

　パフォーマンス指向の組織でも、チーム編成のせいで、有効な技術やプラクティスの導入が妨げられていることがある。たとえば、ソフトウェアアーキテクトが大がかりな事前設計をした場合、その設計がチームのコミュニケーション方法に沿っていなければ、失敗は約束されたようなものだ。

　マイクロサービスのようなクラウドソフトウェアを開発保守するアプローチは、デプロイ容易性の強化と、機能を人間が扱えるサイズのかたまりに分解する必要性に対応したものだ。チームがシステムの構成要素を理解し、コードにオーナーシップを持つことで、システムを進化させ、サポートできる可能性が高まる。組み立てラインの単能工のようにチームを扱ってはいけない。約束理論（Chapter 7参照）のようなアプローチを使えば、日々、チームがコードやAPIにオーナーシップを持つのに役立つ。そのため、ソフトウェアを自身で開発運用している組織は、これまでやってきたのとは根本的に違う形で組織を組み立てる必要がある。チーム構造は、組織が必要とするソフトウェアのアーキテクチャーと一致する必要がある。さもなければ、意図しない設計を生み出してしまう。

適応性とセンシングのために組織設計を進化させる

　組織は、ある時点でのチームの構造を考慮するだけでは不十分だ。チーム構造とコミュニケーションパスは、技術と組織の成熟度に合わせて進化させる必要がある。技術やプロダクトの探索段階では、成功のためには、チームの境界が曖昧になったコラボレーションの多い環境が必要だ。だが、探索が終わった、つまり技術やプロダクトができあがったあとも同じ構造を維持すると、無駄な労力と誤解を生んでしまう。特に、チームがコラボレーションして新しいパターンや実行モデルを発見したら、プラットフォームやサポートツールに落とし込んでいかなければいけない。

チームトポロジーは静的なものではなく、状況に合わせて変えていくものだ。ある時点の組織にとって、どのチームタイプとインタラクションモードが適切かを判断するには、複数の要素がからんでくる。

チームトポロジーだけでは、効果的なITの達成には不十分

ソフトウェアシステムに対するチームトポロジーアプローチは、世界中の多くの組織にとって大きな前進になるはずだ。異なるチームの組み合わせとインタラクションがどのように働き、いつ使うべきかといった知見を共有し、特定の状況における現実的なアドバイス、パターンも提供できているからだ。

だが、チームトポロジーだけでは、効果的なソフトウェアデリバリーや運用を行う組織は作れない。成功するには、本書で説明した構造と力学に加え、以下のような重要な材料が欠かせない。

- 健全な組織文化：個人やチームのレベルでプロフェッショナルとしての成長を促す環境。みんなが躊躇せずに問題について話し、組織が継続的に学ぶことを期待している
- 良いエンジニアリングプラクティス：システムのすべてをテストファーストで設計および開発する、継続的デリバリーと運用プラクティスへのフォーカス、ペアワークやモブワークでのコードレビュー、単一の「根本原因」を探そうとしない、テストが容易なように設計するなど
- 健全な投資・財務プラクティス：IT組織を設備投資（CapEx）と運用費用（OpEx）で分断するような悪習を避ける（少なくとも作業を実際にサンプリングするなどしてCapEx/OpEx分断の悪影響を低減すること）、プロジェクト指向の納期設定や大きなバッチでの予算割り当てを可能な限り避ける、個人ではなくチームやグループにトレー

ニング予算を割り当てる

・ビジネスビジョンの明確化：役員や経営層は、明確で、矛盾のないビジョンを提示し、組織の方向性を人の認識しやすい期間（3か月、6か月、12か月など）で示す。優先度設定の理由も明確に説明し、組織内の人間がどうやって、なぜその優先度になったのかを理解できるようにする

　庭を造って維持するのに必要な要素のようなものと考えてみるとわかりやすいかもしれない。チームトポロジーアプローチは、どこに植物や花を植え、どのように剪定、育成するかの説明書のようなものだ。文化、エンジニアリング、財務といったものは、土、水、肥料のようなもので、植物が健康に育つのを助ける。

　不健全な文化、貧弱なエンジニアリングプラクティス、ネガティブな財務の影響などは、庭での成長を妨げる毒のようなものだ。環境が適切でなければ、いくらチームトポロジーが素晴らしい剪定や育成のやり方を示したとしても、ソフトウェアが育ち、生き残ることはない。

　ビジネスのビジョンを明確にしないのは、園芸家にまったく目的を説明せずに「庭を造って」もらうようなものだ。果物や野菜を育てるべきか？年中花があったほうがよいか？　それとも夏だけか？　庭で瞑想するか？組織の目的やビジョンが明確なら、組織の全員が目的に沿ってふるまえるようなコンテキストを作り出すのに役立つ。

次のステップ チームトポロジーの始め方

● 1：チームから始める

　最初に、組織として、チームが以下のことをするには何が必要かを自問してみよう。

・効果的なチームとしてふるまい、活動するには？

・ソフトウェアの一部分で効果的なオーナーシップを持つには？

・ユーザーのニーズを満たすことにフォーカスするには？

・不要な認知負荷を減らすには？

・他のチームのソフトウェアや情報を利用するには？　他のチームにソフトウェアや情報を提供するには？

　これらの質問に正直に答えることで、オフィススペース、開発ツール、プラットフォームのユーザビリティ、現実的なサブシステムやドメインの分割、チームフレンドリーなアーキテクチャー、リッチなテレメトリなどにチームファーストアプローチを適用していけるだろう。

　チームから始められたら、モダンなソフトウェアのための速いフローの別の側面に取り組めるようになる。ストリームに沿うこと、プラットフォーム、チームの仕事をサポートしてより良くするための追加能力などだ。

● ２：安定した変更のストリームを特定する

　いちばん重要な変更が流れるような「パイプ」となる変更のストリームを組織でいくつか選択する必要がある。これらは組織が注目する重要なストリームであり、組織内の他の仕事は、流れを直接的もしくは間接的に助けるために行われる。ストリームに何を選択するかは組織の特性によるが、主なストリームには以下のようなものがある。

・政府のオンラインサービスの市民向けのタスク：パスポートの申請、税の納付、健康保険の選択の登録（タスク指向ストリーム）

・ビジネスバンキングプロダクト：オンライン資金管理、振込の自動化、顧客への請求（ロール指向ストリーム）

・オンラインチケット販売：チケット検索、チケット購入、アカウント管理、返金（アクティビティストリーム）

・地域向けプロダクト：ヨーロッパ向け、北米向け、アジア向けなど（地域ストリーム）

・マーケットセグメント：個人、中小企業、大企業（ユーザータイプス

トリーム）

　ストリームアラインドチームは、ここで特定したストリームに沿うようにする。このような上位のストリームは、組織の中核からの「変更圧力」と一致している必要がある。明確な変更のストリームがわからない場合は、先に進めるよりも、ここで明確にする努力をしたほうがメリットが大きい。

● 3：最低限のプラットフォーム（TVP）を特定する

　組織でいちばん重要なストリームを特定したら、そのストリーム上で安定してすばやく変更を流すために必要なサービスを特定しよう。現実的には、そのようなサービスは、ストリームが依存するプラットフォームを構成する。だが、Chapter 5で見たように、長大なプラットフォームは必要ないし、過大な投資も必要ない。逆に、プラットフォームは、ストリーム上のフローのための「必要最低限」でよい。下位のサービスを利用するためのWikiのドキュメント一式の場合もあるし、ストリームアラインドチームの特殊なニーズに応えるためのフルセットの内製ソリューションの場合もある。

　技術エコシステムの進化に合わせて、プラットフォームも進化していくのが自然だ。たとえばインフラストラクチャーのプロビジョニングのためにカスタムソリューションを作る必要があったプラットフォームチームも、数年後にはトレンドに合わせて、新たに登場したオープンソースやクラウドベンダーのソリューションに切り替えることもある。

　技術はプラットフォームの一部分にすぎないことに注意してほしい。ロードマップ、進化の方向性、明確なドキュメント、DevExの考慮、内在する複雑性の適切なカプセル化などは、すべてストリームアラインドチームのための効果的なデリバリープラットフォームの重要なパーツである。

● 4：チームコーチング、メンタリングで能力ギャップを特定する

中心的な変更のストリームの周りに、チームファーストアプローチに沿ったサービスマネジメントとドキュメントをそろえ、プラットフォームを使えるようにする。これが、開始点として最適だ。だが、これを可能にするのに必要な能力やスキルは、組織が思うほど簡単には手に入らない。これまでの章（特にChapter 5とChapter 7）で見てきたように、チームにはコードやコンピューターシステムにフォーカスする技術者だけでなく、他のスキルを持った人間も必要だ。特に、以下のようなスキルを理解し実践できる人が必要になる。

- ・チームコーチング
- ・メンタリング（特にシニアスタッフ向け）
- ・サービスマネジメント（本番システムだけではなく、すべてのチームや分野において）
- ・ドキュメントライティング
- ・プロセス改善

これらの能力は、組織内のチームが継続的にプラクティス、コミュニケーション、他のチームとの対話を改善するのに役立つ。結果として、組織全体の変更フローの速さを安全に上げられるようになる。コーチやトレーナーのいない本気のスポーツチームはいない。本気の組織なら、コーチやトレーナーが必要になるはずだ。

● 5：異なるインタラクションモードを共有、練習し、新しい仕事のやり方の背後にある原則を説明する

ほとんどの人は、本当の意味で、チームファーストな働き方を経験したことは

本書では、組織の大規模なトランスフォーメーションのやり方については、意図的に説明を省いた。組織変革のパターンについては、メアリー・リン・マンズとリンダ・ライジングの素晴らしい著書を参照してほしい[143]。

ない。そのため、この働き方に違和感を感じることも多いだろう。チームのインタラクションモードの説明とデモに時間をかけよう。密接に働くチームと、そうでないチームがいる理由を説明しよう。コンウェイの法則の基本を説明しよう。チームとチーム間のコミュニケーションの設計に気を使うことで、ソリューションを探す範囲が狭くなり、自分たちの時間と労力を節約でき、システムのソフトウェアアーキテクチャーを改善できることを説明しよう。

　チームにフォーカスし、認知負荷を明確に制限し、チームファーストのオフィススペースでノイズや割り込みを減らす。思い思いのコミュニケーションには制約を設ける。このような、チームトポロジーの人間的な側面を強調しよう。コアビジネスのストリームの速い変更フローにフォーカスし、「最低限のプラットフォーム」と関連チームとコーチングでサポートしよう。

　そして何よりも、人間、ソフトウェアシステム、組織自体にとってより良いアウトカムをもたらすために、チームトポロジーアプローチがどう役立つかを共有しよう。

CHAPTER NINE

用語集

アプリケーションモノリス
多くの依存関係や責任を持つ単一かつ巨大なアプリケーションで、多くのサービスやさまざまなユーザージャーニーを外部に公開しているもの

イネイブリングチーム
特定の技術領域やプロダクト領域のスペシャリストから構成されているチームのことで、能力ギャップを埋める役割を果たす

X-as-a-Service モード
最小のコラボレーションでプロデューサーとコンシューマーの関係を実現すること

API（アプリケーションプログラミングインターフェイス）
ソフトウェアをプログラムで操作するための記述や仕様

学習関連負荷
学習を進めたり高性能を実現したりするうえで、特別な注意が必要なタスクに関連する認知負荷（例：「このサービスは、ABCサービスとどのように関わるべきか？」）

課題外在性負荷
タスクが実施される環境に関連する認知負荷（例：「このコンポーネントを再デプロイするには？」、「このサービスを構成するには？」）

課題内在性負荷
問題領域の本質的なタスクに関連する認知負荷（例：「Javaクラスの構造は？」、「新規メソッドを作成するには？」）

逆コンウェイ戦略
組織は望ましいアーキテクチャーの実現のために、チームや組織構造を進化させるという戦略

境界づけられたコンテキスト
巨大なドメインモデルやシステムモデルを小さく分割する単位のことで、それぞれは内部的には一貫したビジネスドメイン領域を表しているもの

コラボレーションモード
チームが別のチームと密接に連携して働くこと

コンウェイの法則
メルヴィン・コンウェイが作った法則で、システム設計はそれを設計する組織のコミュニケーション構造をまねたものになるというもの

コンプリケイテッド・サブシステムチーム
特別な知識に大きく依存しているシステムを構築、維持する責任を持つチームのこと

最低限のプラットフォーム
小さなプラットフォームであり、そのプラットフォーム上で構築するチームのソフトウェアデリバリーの加速と単純化を満たすもの

ストリームアラインドチーム
単一の価値ある仕事のストリームに沿ったチームのこと

節理面
ソフトウェアシステムを簡単に複数に分割できる自然な「継ぎ目」のこと

組織的センシング
　チームとその内外のコミュニケーションは、組織の感覚器官である（視覚、聴覚、触覚、嗅覚、味覚）

ダンバー数
　文化人類学者のロビン・ダンバーが提唱した数で、1人の人間が信頼できる人数は150人までであり、そのうち、お互いのことを詳しく知って深くまで信頼できるのは5人程度であるというもの

チーム API
　それぞれのチームを取り巻く API のこと

チームトポロジー
　組織設計のモデルであり、現代のソフトウェア集約型企業が、ビジネスや技術の観点で戦略の変更が必要だと感知したときに、技術にとらわれない重要なメカニズムを提供するもの

データベース結合モノリス
　同一のデータベーススキーマと結合している複数のアプリケーションやサービス。分割での変更、テスト、デプロイが難しい

ドメイン複雑度
　ソフトウェアによって解決される問題がどれくらい複雑かを表したもの

認知負荷
　使っている作業記憶の量

ファシリテーションモード
　障害を取り除くために他のチームを支援したり、支援を受けたりすること

プラットフォームチーム
　ストリームアラインドチームが相当な自律性のもとでデリバリーすることを可能にするチームのこと

ブルックスの法則
　フレデリック・ブルックスが作った法則で、チームへの人の追加がすぐにチームのキャパシティ増加につながるわけではないというもの

変更フロー
　ソフトウェアサービスやシステムの変更の流れで、通常はユーザーのゴールやビジネスの中核に沿ったものになる

モノリシック思考
　チームの「画一的」な考え方のことで、技術面やチーム間の実装アプローチにおける不要な制約を生み出す

モノリシックビルド
　コンポーネントの新バージョンのために、単一の巨大な継続的インテグレーション（CI）でビルドを行うこと

モノリシックモデル
　単一のドメイン言語と表現（フォーマット）を多くのさまざまなコンテキストに強制的に適用しようとするソフトウェアのこと

モノリシックリリース
　小さなコンポーネントをまとめて「リリース」すること

モノリシックワークスペース
　地理的に同じ場所にいるすべてのチームや個人に適用する単一のオフィスレイアウトのパターンのこと

推奨書籍

■ 信頼性が高くて速いフローを実現するための、重要なマネジメントの概念とプラクティス

- 『LeanとDevOpsの科学［Accelerate］テクノロジーの戦略的活用が組織変革を加速する』(ニコール・フォースグレン、ジェズ・ハンブル、ジーン・キム、インプレス、2018年)
- 『Designing Delivery: Rethinking IT in the Digital Service Economy』Jeff Sussna (Beijing、O'Reilly Media、2015)
- 『Fearless Change アジャイルに効く アイデアを組織に広めるための48のパターン』(メアリー・リン・マンズ、リンダ・ライジング、丸善出版、2014年)

■ 組織、ソフトウェア、システムに対する重要なプラクティスとアプローチ

- 『Team Genius: The New Science of High-Performing Organizations』Rich Karlgaard、Michael S. Malone (New York、NY、HarperBusiness、2015)
- 『Agile Development in the Large: Diving into the Deep』Jutta Eckstein (New York、Dorset House Publishing Co Inc.、US、2004)
- 『エリック・エヴァンスのドメイン駆動設計』(エリック・エヴァンス、翔泳社、2011年)
- 『Thinking in Promises』Mark Burgess (Sebastopol、California、O'Reilly Media、2015)

■ 速いフローを可能にする重要な技術プラクティス

- 『継続的デリバリー 信頼できるソフトウェアリリースのためのビルド・テスト・デプロイメントの自動化』(ジェズ・ハンブル、デイビッド・ファーレイ、ドワンゴ、2017年)
- 『Release It! Design and Deploy Production-Ready Software』Michael T.Nygard (Raleigh、North Carolina、O'Reilly、2018)
- 『Team Guide to Software Operability, Team Guide Series 1』Matthew Skelton、Rob Thatcher (Leeds、UK、Conflux Books、2016)
- 『Team Guide to Software Testability, Team Guide Series 3』Ash Winter、Rob Meaney (Leeds、UK、Conflux Books、2018)
- 『Team Guide to Software Releasability, Team Guide Series 4』Manuel Pais、Chris O'Dell (Leeds、UK、Conflux Books、2018)

参考文献

· Ackoff, Russell L. Re-Creating the Corporation: A Design of Organizations for the 21st Century. Oxford: Oxford University Press, 1999.
· Ackoff, Russell L., Herbert J. Addison, and Sally Bibb. Management F-Laws: How Organizations Really Work. United Kindgom, Triarchy Press, 2007.
· Adams, Paul. "Scaling Product Teams: How to Build and Structure for Hypergrowth." Inside Intercom (blog). January 28, 2015. https://www.intercom.com/blog/how-we-build-software/.
· Adkins, Lyssa. Coaching Agile Teams: A Companion for ScrumMasters, Agile Coaches, and Project Managers in Transition. Upper Saddle River, NJ: Addison-Wesley Professional, 2010.
· Allen, Thomas J. Managing the Flow of Technology. Cambridge, MA: MIT Press, 1984.
· Allspaw, John. "Blameless PostMortems and a Just Culture." Code as Craft (blog), May 22, 2012. https://codeascraft.com/2012/05/22/blameless-postmortems/.
· Almeida, Thiago. "DevOps Lessons Learned at Microsoft Engineering." InfoQ, May 22, 2016. https://www.infoq.com/articles/devops-lessons-microsoft.
· Ancona, Deborah Gladstein, and David F. Caldwell. "Demography and Design: Predictors of New Product Team Performance." Organization Science 3 no. 3 (1992): 321-341. https://doi.org/10.1287/orsc.3.3.321.
· Axelrod, Robert A. Complexity of Cooperation: Agent-Based Models of Competition and Collaboration. Princeton, NJ: Princeton University Press, 1997.
· Bauernberger, Joachim. "DevOps in Telecoms—Is It Possible?" Telecom Tech News, October 1, 2014. http://www.telecomstechnews.com/news/2014/oct/01/devops-telecoms-it-possible/.
· Beal, Helen. "The Industry Just Can't Decide about DevOps Teams." InfoQ, October 26, 2017. https://www.infoq.com/news/2017/10/devops-teams-good-or-bad.
· Beer, Stafford. Brain of the Firm, 2nd edition. Chichester, UK: John Wiley & Sons, 1995.
· Bennett, Drake. "The Dunbar Number, From the Guru of Social Networks." Bloomberg.com, January 11, 2013. http://www.bloomberg.com/news/articles/2013-01-10/the-dunbar-number-from-the-guru-of-social-networks.
· Bernstein, Ethan, John Bunch, Niko Canner, and Michael Lee. "Beyond the Holacracy Hype." Harvard Business Review, July 1, 2016. https://hbr.org/2016/07/beyond-the-holacracy-hype.
· Bernstein, Ethan, Jesse Shore, and David Lazer. "How Intermittent Breaks in Interaction Improve Collective Intelligence." Proceedings of the National Academy of Sciences 115 no. 35 (August, 2018): 8734-8739. https://doi.org/10.1073/pnas.1802407115.
· Bernstein, Ethan S., and Stephen Turban. "The Impact of the 'Open' Workspace on Human Collaboration." Philosophical Transactions of the Royal Society B 373 no. 1753 (2018). https:// doi.org/10.1098/rstb.2017.0239.
· Betz, Charles. Managing Digital: Concepts and Practices. The Open Group, 2018.
· Beyer, Betsy, Jennifer Petoff, Chris Jones, and Niall Richard Murphy (eds). Site Reliability Engineering: How Google Runs Production Systems. Sebastopol, CA: O'Reilly, 2016.
· Blalock, Micah. "Of Mustard Seeds and Microservices." Credera (blog), May 6, 2015.

https://www.credera.com/blog/technology-insights/java/mustard-seeds-microservices/.

· Bosch, Jan. "On the Development of Software Product-Family Components." In Software Product Lines, edited by Robert L. Nord, 146-164. Berlin: Springer, 2004.

· Bottcher, Evan. "What I Talk About When I Talk About Platforms." MartinFowler.com (blog), March 5, 2018. https://martinfowler.com/articles/talk-about-platforms.html.

· Brandolini, Alberto. "Strategic Domain Driven Design with Context Mapping." InfoQ, November 25, 2009. https://www.infoq.com/articles/ddd-contextmapping.

· Bright, Peter. "How Microsoft Dragged Its Development Practices into the 21st Century." Ars Technica, August 6, 2014. https://arstechnica.com/information-technology/2014/08/how-microsoft-dragged-its-development-practices-into-the-21st-century/.

· Brooks, Fred. The Mythical Man-Month: Essays on Software Engineering. Boston, MA: AddisonWesley, 1995.

· Brown, Simon. "Are You a Software Architect?" InfoQ, February 9, 2010. https://www.infoq.com/articles/brown-are-you-a-software-architect.

· Bryson, Brandon. "Architects Should Code: The Architect's Misconception." InfoQ, August 6, 2015. https://www.infoq.com/articles/architects-should-code-bryson.

· Burgess, Mark. Thinking in Promises: Designing Systems for Cooperation. Sebastopol, CA: O'Reilly Media, 2015.

· Carayon, Pascale. "Human Factors of Complex Sociotechnical Systems." Applied Ergonomics, Special Issue: Meeting Diversity in Ergonomics 37 no. 4 (2006): 525-535. https://doi.org/10.1016/j.apergo.2006.04.011.

· Casella, Karen. "Improving Team Productivity by Reducing Context Switching | LinkedIn." LinkedIn Pulse, October 26, 2016. https://www.linkedin.com/pulse/improving-team-productivity-reducing-context-karen-casella/.

· Chaudhary, Mukesh. "Working with Component Teams: How to Navigate the Complexity" ScrumAlliance.org, September 5, 2012. https://www.scrumalliance.org/community/member-articles/301.

· Cherns, Albert. "The Principles of Sociotechnical Design." Human Relations 29 no. 8 (1976): 783-792. https://doi.org/10.1177/001872677602900806.

· Clegg, Chris W. "Sociotechnical Principles for System Design." Applied Ergonomics 31 no. 5 (2000):463-477. https://doi.org/10.1016/S0003-6870(00)00009-0.

· Cockcroft, Adrian. "Goto Berlin—Migrating to Microservices (Fast Delivery)." Presented at the GOTO Berlin conference, Berlin, November 15, 2014. http://www.slideshare.net/adriancockcroft/goto-berlin.

· Cohn, Mike. "Nine Questions To Assess Scrum Team Structure." Mountain Goat Software(blog), March 9, 2010. https://www.mountaingoatsoftware.com/blog/nine-questions-to-assess-team-structure.

· Conway, Melvin E. "How Do Committees Invent? Design Organization Criteria." Datamation, 1968.

· Conway, Mel. "Toward Simplifying Application Development, in a Dozen Lessons," MelConway.com, January 3, 2017. http://melconway.com/Home/pdf/simplify.pdf.

· Cooley, Faith. "Organizational Design for Effective Software Development." SlideShare, posted by Dev9Com, November 12, 2014. http://www.slideshare.net/Dev9Com/organizational-design-for-effective-software-development.

· Coplien, James O., and Neil Harrison. Organizational Patterns of Agile Software Development. Upper Saddle River, NJ: Pearson Prentice Hall, 2005.

· Cottmeyer, Mike. "Things to Consider When Structuring Your Agile Enterprise." LeadingAgile (blog), February 5, 2014. https://www.leadingagile.com/2014/02/structureagile-enterprise/.

· Coutu, Diane. "Why Teams Don't Work." Harvard Business Review, May 1, 2009. https://hbr.org/2009/05/why-teams-dont-work.

· Crawford, Jason. "Amazon's 'Two-Pizza Teams': The Ultimate Divisional Organization." JasonCrawford.org (blog), July 30, 2013. http://blog.jasoncrawford.org/two-pizza-teams.

· Cunningham, Ward. "Understand the High Cost of Technical Debt by Ward Cunningham—DZone Agile." Dzone.com, August 24, 2013. https://dzone.com/articles/understand-high-cost-technical.

· Cusumano, Michael A. Microsoft Secrets: How the World's Most Powerful Software Company Creates Technology, Shapes Markets and Manages People, 1st Touchstone edition. New York: Simon and Schuster, 1988.

· Cutler, John. "12 Signs You're Working in a Feature Factory." Hacker Noon, November 17, 2016. https://hackernoon.com/12-signs-youre-working-in-a-feature-factory-44a5b938d6a2.

· Davies, Rachel, and Liz Sedley. Agile Coaching. Raleigh, NC: Pragmatic Bookshelf, 2009.

· DeGrandis, Dominica. Making Work Visible: Exposing Time Theft to Optimize Workflow. Portland, OR: IT Revolution Press, 2017.

· DeMarco, Tom, and Timothy Lister. Peopleware: Productive Projects and Teams, 2nd revised edition. New York, NY: Dorset, 1999.

· Deming, W. Edwards. Out of the Crisis. Cambridge, MA: MIT Press, 1986.

· DeSanctis, Gerardine, and Marshall Scott Poole. "Capturing the Complexity in Advanced Technology Use: Adaptive Structuration Theory." Organization Science 5 no. 2 (May 1994): 121-147.

· Dogan, Jaana B. "The SRE Model." Medium, July 31, 2017. https://medium.com/@rakyll/the-sre-model-6e19376ef986.

· Doorley, Scott, and Scott Witthoft. Make Space: How to Set the Stage for Create Collaboration. Hoboken, NJ: John Wiley & Sons, 2012.

· Driskell, James E., Eduardo Salas, and Joan Johnston. "Does Stress Lead to a Loss of Team Perspective?" Group Dynamics: Theory, Research, and Practice 3, no. 4 (1999): 291-302.

· Drucker, Peter. The Daily Drucker: 366 Days of Insight and Motivation for Getting the Right Things Done. New York: HarperCollins, 2018.

· Driskell, James E., and Eduardo Salas. "Collective Behavior and Team Performance." Human Factors 34 no. 3 (1992): 277-288. https://doi.org/10.1177/001872089203400303.

· Dunbar, R. I. M. "Neocortex Size as a Constraint on Group Size in Primates." Journal of Human Evolution 22, no. 6 (1992): 469-493. https://doi.org/10.1016/0047-2484(92)90081-J.

· Dunbar, Professor Robin. How Many Friends Does One Person Need?: Dunbar's Number and Other Evolutionary Quirks. London: Faber & Faber, 2010.

· Eckstein, Jutta. Agile Development in the Large: Diving into the Deep. New York: Dorset, 2004.

· Eckstein, Jutta. "Architecture in Large Scale Agile Development." In Agile Methods. Large-Scale Development, Refactoring, Testing, and Estimation, edited by Torgeir Dingsøyr, Nils Brede Moe, Roberto Tonelli, Steve Counsell, Cigdem Gencel, and Kai Petersen. Switzerland, Springer International Publishing, 2014.

· Edmondson, Amy. "Psychological Safety and Learning Behavior in Work Teams."

Administrative Science Quarterly 44 no. 2 (1999): 350-383. https://doi. org/10.2307/2666999.

· Edmondson, Amy C. Managing the Risk of Learning: Psychological Safety in Work Teams. In International Handbook of Organization Teamwork and Cooperative Working, edited by Michael A. West, Dean Tjosvold, and Ken G. Smith. Hoboken, NJ: Wiley & Sons, 2003.

· Edwards, Damon. "What is DevOps?" Dev2Ops.org, February 23, 2010. http://dev2ops. org/2010/02/what-is-devops. The Essential Elements of Enterprise PaaS. Palo Alto, CA: Pivotal, 2015. https://content.pivotal.io/white-papers/the-essential-elements-of-enterprise-paas.

· Evans, Eric. Domain-Driven Design: Tackling Complexity in the Heart of Software. Boston, MA: Addison Wesley, 2003.

· Evans, William. "The Need for Speed: Enabling DevOps through Enterprise Architecture | #DOES16." SlideShare, posted by William Evans, November 2, 2016. https://www. slideshare.net/willevans/the-need-for-speed-enabling-devops-through-enterprise-architecture.

· Fan, Xiaocong, Po-Chun Chen, and John Yen. "Learning HMM-Based Cognitive Load Models for Supporting Human-Agent Teamwork." Cognitive Systems Research 11, no. 1 (2010): 108-119.

· Feathers, Michael. Working Effectively with Legacy Code. Upper Saddle River, NJ: Prentice Hall, 2004.

· Forrester, Russ, and Allan B. Drexler. "A Model for Team-Based Organization Performance." The Academy of Management Executive 13 no. 3 (1999), 36-49.

· Forsgren, PhD, Nicole, Jez Humble, and Gene Kim. Accelerate: The Science of Lean Software and Devops: Building and Scaling High Performing Technology Organizations. Portland, Oregon: IT Revolution Press, 2018.

· Fowler, Martin. "Bliki: BoundedContext." MartinFowler.com (blog), January 15, 2014. https://martinfowler.com/bliki/BoundedContext.html.

· Fowler, Martin. "Bliki: MicroservicePrerequisites." MartinFowler.com (blog), August 28, 2014. https://martinfowler.com/bliki/MicroservicePrerequisites.html.

· Fried, Jason, and David Heinemeir Hansson. Remote: Office Not Required. NY: Crown Business, 2013.

· Gothelf, Jeff, and Josh Seiden. Sense and Respond: How Successful Organizations Listen to Customers and Create New Products Continuously. Boston, Massachusetts: Harvard Business Review Press, 2017.

· Greenleaf, Robert K. The Servant as Leader, Revised Edition. Atlanta, GA: The Greenleaf Center for Servant Leadership, 2015.

· "Guide: Understand Team Effectiveness." re:Work website, https://rework.withgoogle. com/guides/understanding-team-effectiveness/steps/define-team/.

· Hall, Jon. "ITSM, DevOps, and Why Three-Tier Support Should Be Replaced with Swarming." Medium, December 17, 2016. https://medium.com/@JonHall_/itsm-devops-and-why-the-three-tier-structure-must-be-replaced-with-swarming-91e76ba22304.

· Hastie, Shane. "An Interview with Sam Guckenheimer on Microsoft's Journey to Cloud Cadence." InfoQ, October 17, 2014. https://www.infoq.com/articles/agile2014-guckenheimer.

· HBS Communications. "Collaborate on Complex Problems, but Only Intermittently." Harvard Gazette (blog), August 15, 2018. https://news.harvard.edu/gazette/story/2018/08/collaborate-on-complex-problems-but-only-intermittently/.

- Helfand, Heidi Shetzer. Dynamic Reteaming: The Art and Wisdom of Changing Teams. Heidi Helfand, 2018.
- Hoff, Todd. "Amazon Architecture." High Scalability (blog), September 18, 2007. http://highscalability.com/blog/2007/9/18/amazon-architecture.html.
- Holliday, Ben. "A 'Service-Oriented' Approach to Organisation Design." FutureGov (blog), September 25, 2018. https://blog.wearefuturegov.com/a-service-oriented-approach-to-organisation-design-1e075be7f578.
- Hoskins, Drew. "What Is It like to Be Part of the Infrastructure Team at Facebook?" Quora, last updated February 15, 2015. https://www.quora.com/What-is-it-like-to-be-part-of-the-Infrastructure-team-at-Facebook.
- Humble, Jez. "There's No Such Thing as a 'Devops Team'." Continuous Delivery (blog), October 19, 2012. https://continuousdelivery.com/2012/10/theres-no-such-thing-as-a-devops-team/.
- Humble, Jez, and David Farley. Continuous Delivery: Reliable Software Releases through Build, Test, and Deployment Automation. Upper Saddle River, NJ: Addison Wesley, 2010.
- Humble, Jez, Joanne Molesky, and Barry O'Reilly. Lean Enterprise: How High Performance Organizations Innovate at Scale. Sebastopol, CA: O'Reilly Media, 2015.
- Ilgen, Daniel R., and John R. Hollenbeck. 'Effective Team Performance under Stress and Normal Conditions: An Experimental Paradigm, Theory and Data for Studying Team Decision Making in Hierarchical Teams with Distributed Expertise'. DTIC Document, 1993. http://oai.dtic.mil/oai/oai?verb=getRecord&metadataPrefix=html&identifier=ADA284683.
- Ingles, Paul. "Convergence to Kubernetes." Paul Ingles (blog), June 18, 2018. https://medium.com/@pingles/convergence-to-kubernetes-137ffa7ea2bc.
- innolution. n.d. "Feature Team Definition | Innolution." Accessed October 14, 2018. https://innolution.com/resources/glossary/feature-team
- "DevOps Over Coffee—Adidas." YouTube video, 32:03, posted by IT Revolution, July 3, 2018. https://www.youtube.com/watch?v=oOjdXeGp44E&feature=youtu.be&t=1071.
- Jang, Sujin. "Cultural Brokerage and Creative Performance in Multicultural Teams." Organization Science 28 no. 6 (2017): 993-1009. https://doi.org/10.1287/orsc.2017.1162.
- Jay, Graylin, Joanne Hale, Randy Smith, David Hale, Nicholas Kraft, and Charles Ward. "Cyclomatic Complexity and Lines of Code: Empirical Evidence of a Stable Linear Relationship." Journal of Software Engineering & Applications 2 (January): 137-143. https://doi.org/10.4236/jsea.2009.23020.
- John, Wolfgang. "DevOps for Service Providers—Next Generation Tools." Ericsson Research Blog. December 7, 2015. https://www.ericsson.com/research-blog/cloud/devops-for-service-providers-next-generation-tools/.
- Johnston, Joan H., Stephen M. Fiore, Carol Paris, and C. A. P. Smith. "Application of Cognitive Load Theory to Developing a Measure of Team Decision Efficiency." Military Psychology 3 (2003). https://www.tandfonline.com/doi/abs/10.1037/h0094967.
- Karlgaard, Rich, and Michael S. Malone. Team Genius: The New Science of High-Performing Organizations. New York, NY: HarperBusiness, 2015.
- Kelly, Allan. Business Patterns for Software Developers. Chichester, UK: John Wiley & Sons, 2012.
- Kelly, Allan. "Conway's Law v. Software Architecture." Dzone.com (blog), March 14, 2013. https://dzone.com/articles/conways-law-v-software.

- Kelly, Allan. "Conway's Law & Continuous Delivery." SlideShare, posted by Allen Kelly, April 9, 2014, https://www.slideshare.net/allankellynet/conways-law-continuous-delivery.
- Kelly, Allan. "No Projects—Beyond Projects." InfoQ, December 5, 2014. https://www.infoq.com/articles/kelly-beyond-projects.
- Kelly, Allan. Project Myopia: Why Projects Damage Software #NoProjects. Allan Kelly: 2018.
- Kelly, Allan. "Return to Conway's Law." Allan Kelly Associates (blog), January 17, 2006. https://www.allankellyassociates.co.uk/archives/1169/return-to-conways-law/.
- Kersten, Mik. Project to Product: How to Survive and Thrive in the Age of Digital Disruption with the Flow Framework. Portland, OR: IT Revolution Press, 2018.
- Kim, Gene, Jez Humble, Patrick Debois, and John Willis. The DevOps Handbook: How to Create World-Class Agility, Reliability, and Security in Technology Organizations. Portland, OR: IT Revolution Press, 2016.
- Kim, Dr. Kyung Hee, and Robert A. Pierce. "Convergent Versus Divergent Thinking." In Encyclopedia of Creativity, Invention, Innovation and Entrepreneurship, edited by Elias G. Carayannis, 245-250. New York: Springer, 2013.
- Kitagawa, Justin. "Platforms at Twilio: Unlocking Developer Effectiveness." InfoQ, October 18, 2018. https://www.infoq.com/presentations/twilio-devops
- Kitson, Jon. "Squad Health Checks." Sky Betting & Gaming Technology (blog), February 1, 2017. https://technology.skybettingandgaming.com/2017/02/01/squad-health-checks/.
- Kniberg, Henrik, and Anders Ivarsson. "Scaling Agile @ Spotify with Tribes, Squads, Chapters & Guilds." Crisp's Blog. October 2012. https://blog.crisp.se/wp-content/uploads/2012/11/SpotifyScaling.pdf.
- Kniberg, Henrik. "Real-Life Agile Scaling." Presented at the Agile Tour Bangkok, Thailand, November 21, 2015. http://blog.crisp.se/wp-content/uploads/2015/11/Real-life-agile-scaling.pdf.
- Kniberg, Henrik. "Squad Health Check Model—Visualizing What to Improve." Spotify Labs (blog), September 16, 2014. https://labs.spotify.com/2014/09/16/squad-health-check-model/
- Knight, Pamela. "Acquisition Community Team Dynamics: The Tuckman Model vs. the DAU Model." Proceedings from the 4th Annual Acquisition Research Symposium of the Naval Postgraduate School (2007). https://apps.dtic.mil/dtic/tr/fulltext/u2/a493549.pdf.
- Kotter, John P. "Accelerate!" Harvard Business Review, November 1, 2012. https://hbr.org/2012/11/accelerate.
- Kramer, Staci D. "The Biggest Thing Amazon Got Right: The Platform." Gigaom, October 12, 2011. https://gigaom.com/2011/10/12/419-the-biggest-thing-amazon-got-right-the-platform/.
- Laloux, Frédéric. Reinventing Organizations: An Illustrated Invitation to Join the Conversation on Next-Stage Organizations. Oxford, UK: Nelson Parker, 2016.
- Lane, Kim. "The Secret to Amazon's Success—Internal APIs." API Evangelist (blog), January 12, 2012. http://apievangelist.com/2012/01/12/the-secret-to-amazons-success-internal-apis/.
- Larman, Craig, and Bas Vodde. "Choose Feature Teams over Component Teams for Agility." InfoQ, July 15, 2008. https://www.infoq.com/articles/scaling-lean-agile-feature-teams.
- Larman, Craig, and Bas Vodde. Large-Scale Scrum: More with LeSS. Upper Saddle River,

NJ: Addison-Wesley Professional, 2016.

· Leffingwell, Dean. "Feature Teams vs. Component Teams (Continued)." Scaling Software Agility (blog), May 2, 2011. https://scalingsoftwareagility.wordpress.com/2011/05/02/feature-teams-vs-component-teams-continued/.

· Leffingwell, Dean. "Organizing at Scale: Feature Teams vs. Component Teams - Part 3." Scaling Software Agility (blog), July 22, 2009. https://scalingsoftwareagility.wordpress.com/2009/07/22/organizing-agile-at-scale-feature-teams-versus-component-teams-part-3/.

· Leffingwell, Dean. Scaling Software Agility: Best Practices for Large Enterprises. Upper Saddle River, NJ: Addison-Wesley Professional, 2007.

· Lencioni, Patrick M. The Five Dysfunctions of a Team: A Leadership Fable. San Francisco, CA: John Wiley & Sons, 2002.

· Leveson, Nancy G. Engineering a Safer World: Systems Thinking Applied to Safety. Cambridge, MA: MIT Press, 2017.

· Levina, Natalia, and Emmanuelle Vaast. "The Emergence of Boundary Spanning Competence in Practice: Implications for Information Systems' Implementation and Use." MIS Quarterly 29 no. 2 (June 2005): 335-363. https://papers.ssrn.com/abstract=1276022.

· Lewis, James. "Microservices and the Inverse Conway Manoeuvre—James Lewis." YouTube video, 57:57, posted by NDC Conferences, February 16, 2017. https://www.youtube.com/watch?v=uamh7xppO3E.

· Lim, Beng-Chong, and Katherine J. Klein. "Team Mental Models and Team Performance: A Field Study of the Effects of Team Mental Model Similarity and Accuracy." Journal of Organizational Behavior 27, no. 4 (June 1, 2006): 403-418. https://doi.org/10.1002/job.387.

· Linders, Ben. "Scaling Teams to Grow Effective Organizations." InfoQ, August 11, 2016. https://www.infoq.com/news/2016/08/scaling-teams.

· Long, Josh. "GARY (Go Ahead, Repeat Yourself)." Tweet @starbuxman, May 25, 2016. https://twitter.com/starbuxman/status/735550836147814400.

· Lowe, Steven A. "How to Use Event Storming to Achieve Domain-Driven Design." TechBeacon, October 15, 2015. https://techbeacon.com/introduction-event-storming-easy-way-achieve-domain-driven-design.

· Luo, Jiao, Andrew H. Van de Ven, Runtian Jing, and Yuan Jiang. "Transitioning from a Hierarchical Product Organization to an Open Platform Organization: A Chinese Case Study." Journal of Organization Design 7 (January): 1. https://doi.org/10.1186/s41469-017-0026-x.

· MacCormack, Alan, John Rusnak, and Carliss Y. Baldwin. "Exploring the Structure of Complex Software Designs: An Empirical Study of Open Source and Proprietary Code." Management Science 52, no. 7 (2006): 1015-1030. https://doi.org/10.1287/mnsc.1060.0552.

· MacCormack, Alan, Carliss Y. Baldwin, and John Rusnak. "Exploring the Duality Between Product and Organizational Architectures: A Test of the 'Mirroring' Hypothesis." Research Policy 41, no. 8 (October 2012): 1309-1024. http://www.hbs.edu/faculty/Pages/item.aspx?num=43260.

· Malan, Ruth. "Conway's Law." TraceintheSand.com (blog), February 13, 2008. http://traceinthesand.com/blog/2008/02/13/conways-law/.

· Manns, Mary Lynn, and Linda Rising, Fearless Change: Patterns for Introducing New Ideas. Boston, MA: Addison Wesley, 2004.

· Marshall, Bob. "A Team Is Not a Group of People Who Work Together. A Team Is a Group of People Who Each Put the Team before Themselves." Tweet, @flowchainsensei, October 29, 2018. https://twitter.com/flowchainsensei/status/1056838136574152704.

· McChrystal, General Stanley, David Silverman, Tantum Collins, and Chris Fussell. Team of Teams: New Rules of Engagement for a Complex World. New York, NY: Portfolio Penguin, 2015.

· Meadows, Donella. Leverage Points: Places to Intervene in a System. Hartland, VT: Sustainability Institute, 1999. http://donellameadows.org/wp-content/userfiles/Leverage_Points.pdf.

· "Microservices: Organizing Large Teams for Rapid Delivery." SlideShare, posted by Pivotal, August 10, 2016. https://www.slideshare.net/Pivotal/microservices-organizing-large-teams-for-rapid-delivery.

· Mihaljov, Timo. "Having a Dedicated DevOps Person Who Does All the DevOpsing Is like Having a Dedicated Collaboration Person Who Does All the Collaborating." Tweet. @noidi. April 14, 2017. https://twitter.com/noidi/status/852879869998501889.

· Miller, G. A. "The Magical Number Seven, Plus or Minus Two: Some Limits on Our Capacity for Processing Information." Psychological Review 63 no. 2 (1956): 81-97.

· Minick, Eric. "The Goal for a 'DevOps Team' Should Be to Put Itself out of Business by Enabling the Rest of the Org." Tweet, @ericminick, October 8, 2014. https://twitter.com/ericminick/status/517335119330172930.

· Minick, Eric, and Curtis Yanko. "Creating a DevOps Team That Isn't Evil." SlideShare, posted by IBM Urban Code Products, March 5, 2015. http://www.slideshare.net/Urbancode/creating-a-devops-team-that-isnt-evil.

· Mole, David. "Drive: How We Used Daniel Pink's Work to Create a Happier, More Productive Work Place." InfoQ, September 10, 2015. https://www.infoq.com/articles/drive-productive-workplace.

· Morgan-Smith, Victoria, and Matthew Skelton. Internal Tech Conferences. Leeds, UK: Conflux Digital, 2019.

· Morris, Kief. Infrastructure as Code: Managing Servers in the Cloud. Sebastopol, CA: O'Reilly Media, 2016.

· Munns, Chris. "Chris Munns, DevOps @ Amazon: Microservices, 2 Pizza Teams, & 50 Million Deploys per Year." SlideShare.net, posted by TriNimbus, May 6, 2016. http://www.slideshare.net/TriNimbus/chris-munns-devops-amazon-microservices-2-pizza-teams-50-million-deploys-a-year.

· Murphy, Niall. "What is 'Site Reliability Engineering'?" Landing.Google.com, https://landing.google.com/sre/interview/ben-treynor.html.

· Murphy, Niall and Ben Treynor. "What is 'Site Reliability Engineering'?" Landing.Google.com (blog), accessed March 21, 2019. https://landing.google.com/sre/interview/ben-treynor.html.

· Narayan, Sriram. Agile IT Organization Design: For Digital Transformation and Continuous Delivery. New York: Addison-Wesley Professional, 2015.

· Neumark, Peter. "DevOps & Product Teams—Win or Fail?" InfoQ, June 29, 2015. https://www.infoq.com/articles/devops-product-teams.

· Netflix Technology Blog. "Full Cycle Developers at Netflix—Operate What You Build." Medium.com, May 17, 2018, https://medium.com/netflix-techblog/full-cycle-developers-at-netflix-a08c31f83249.

· Netflix Technology Blog. "The Netflix Simian Army." Netflix TechBlog, July 19, 2011. https://medium.com/netflix-techblog/the-netflix-simian-army-16e57fbab116.

· Newman, Sam. Building Microservices: Design Fine-Grained Systems. Sebastopol, CA: O'Reilly Media, 2015.

· Newman, Sam. "Demystifying Conway's Law." ThoughtWorks (blog) June 30, 2014. https://www.thoughtworks.com/insights/blog/demystifying-conways-law.

· Nygard, Michael. "The Perils of Semantic Coupling—Wide Awake Developers." MichaelNygard.com (blog), April 29, 2015. http://michaelnygard.com/blog/2015/04/the-perils-of-semantic-coupling/.

· Nygard, Michael T. Release It! Design and Deploy Production-Ready Software, 2nd edition. Raleigh, North Carolina: O'Reilly, 2018.

· O'Connor, Debra L., and Tristan E. Johnson. "Understanding Team Cognition in Performance Improvement Teams: A Meta-Analysis of Change in Shared Mental Models." Proceedings of the Second International Conference on Concept Mapping (2006). https://pdfs.semanticscholar.org/4106/3eb1567e630a35b4f33f281a6bb9d193ddf5.pdf.

· O'Dell, Chris. "You Build It, You Run It (Why Developers Should Also Be on Call)." Skelton Thatcher.com (blog), October 18, 2017. https://skeltonthatcher.com/blog/build-run-developers-also-call/.

· Overeem, Barry. "How I Used the Spotify Squad Health Check Model—Barry Overeem—The Liberators." BarryOvereem.com (blog), August 7, 2015. http://www.barryovereem.com/how-i-used-the-spotify-squad-health-check-model/.

· Pais, Manuel. "Damon Edwards: DevOps is an Enterprise Concern" InfoQ, May 31, 2014. https://www.infoq.com/interviews/interview-damon-edwards-qcon-2014.

· Pais, Manuel. "Prezi's CTO on How to Remain a Lean Startup after 4 Years." InfoQ, October 5, 2012. https://www.infoq.com/news/2012/10/Prezi-lean-startup.

· Pais, Manuel, and Matthew Skelton. "The Divisive Effect of Separate Issue Tracking Tools." InfoQ, March 22, 2017. https://www.infoq.com/articles/issue-tracking-tools.

· Pais, Manuel, and Matthew Skelton. "Why and How to Test Logging." InfoQ, October 29, 2016. https://www.infoq.com/articles/why-test-logging.

· Pearce, Jo. "Hacking Your Head : Managing Information Overload (Extended)." SlideShare, posted by Jo Pearce, April 29, 2016. https://www.slideshare.net/JoPearce5/hacking-your-head-managing-information-overload-extended.

· Perri, Melissa. Escaping the Build Trap: How Effective Product Management Creates Real Value. Sebastopol, CA: O'Reilly, 2018.

· Pearce, Jo. "Day 3: Managing Cognitive Load for Team Learning." 12 Devs of Xmas (blog), December 28, 2015. http://12devsofxmas.co.uk/2015/12/day-3-managing-cognitive-load-for-team-learning/.

· Pflaeging, Niels. Organize for Complexity: How to Get Life Back Into Work to Build the High-Performance Organization, 1st edition. Germany: BetaCodex Publishing, 2014.

· Pflaeging, Niels. "Org Physics: The 3 Faces of Every Company." Niels Pflaeging (blog), March 6, 2017. https://medium.com/@NielsPflaeging/org-physics-the-3-faces-of-every-company-df16025f65f8.

· Phillips, Amy. "Testing Observability." InfoQ, April 5, 2018. https://www.infoq.com/presentations/observability-testing.

· Pink, Daniel. Drive: The Surprising Truth About What Motivates Us. New York: Riverhead Books, 2009.

· Raymond, Eric. The New Hacker's Dictionary, 3rd Edition. Boston, MA: MIT Press, 1996.

· Reed, J. Paul. "Blameless Postmortems Don't Work. Be Blame-Aware but Don't Go

Negative." TechBeacon, March 22, 2016. https://techbeacon.com/blameless-postmortems-dont-work-heres-what-does.

• Reinertsen, Donald. The Principles of Product Development Flow: Second Generation Lean Product Development. Redondo Beach, CA: Celeritas Publishing, 2009.

• Rensin, Dave. "Introducing Google Customer Reliability Engineering." Google Cloud Blog, October 10, 2016. https://cloud.google.com/blog/products/gcp/introducing-a-new-era-of-customer-support-google-customer-reliability-engineering/.

• Roberts, John. The Modern Firm: Organizational Design for Performance and Growth. Oxford: Oxford University Press, 2007.

• Robertson, Brian J. Holocracy: The New Management System for a Rapidly Changing World. NY: Henry Holt, 2015.

• Rock, David, and Heidi Grant. Why Diverse Teams Are Smarter. Cambridge, MA: Harvard Business Review, 2016.

• Rother, Mike. Toyota Kata: Managing People for Improvement, Adaptiveness and Superior Results. New York: McGraw-Hill Education, 2009.

• Rozovsky, Julia. "Re:Work—The Five Keys to a Successful Google Team." re:Work (blog), November 17, 2015. https://rework.withgoogle.com/blog/five-keys-to-a-successful-google-team/.

• Rubin, Kenneth S. Essential Scrum: A Practical Guide to the Most Popular Agile Process. Upper Saddle River, NJ: Addison Wesley, 2012.

• Rummler, Geary, and Alan Brache. Improving Performance: How to Manage the White Space on the Organization Chart, 3rd edition. San Francisco, CA: Jossey-Bass, 2013.

• Salas, Eduardo, and Stephen M. Fiore, eds. Team Cognition: Understanding the Factors That Drive Process and Performance. Washington, DC: American Psychological Association, 2004.

• Scholtes, Ingo, Pavlin Mavrodiev, and Frank Schweitzer. "From Aristotle to Ringelmann: A Large-Scale Analysis of Team Productivity and Coordination in Open Source Software Projects." Empirical Software Engineering 21 no. 2 (2016): 642-683. https://doi.org/10.1007/s10664-015-9406-4.

• Schotkamp, Tom, and Martin Danoesastro. "HR's Pioneering Role in Agile at ING." BCG (blog), June 1, 2018. https://www.bcg.com/en-gb/publications/2018/human-resources-pioneering-role-agile-ing.aspx.

• Schwartz, Mark, Jason Cox, Jonathan Snyder, Mark Rendell, Chivas Nambiar, and Mustafa Kapadia. Thinking Environments: Evaluating Organization Models for DevOps to Accelerate. Portland, OR: IT Revolution Press, 2016.

• Seiter, Courtney. "We've Changed Our Product Team Structure 4 Times: Here's Where We Are Today." Buffer (blog), October 20, 2015. https://open.buffer.com/product-team-evolution/.

• Shibata, Kenichi. "How to Build a Platform Team Now! The Secrets to Successful Engineering." Hacker Noon (blog), September 29, 2018. https://hackernoon.com/how-to-build-a-platform-team-now-the-secrets-to-successful-engineering-8a9b6a4d2c8.

• Simenon, Stefan, and Wiebe de Roos. "Transforming CI/CD at ABN AMRO to Accelerate Software Delivery and Improve Security." SlideShare, posted by DevOps.com, March 27, 2018. https://www.slideshare.net/DevOpsWebinars/transforming-cicd-at-abn-amro-to-accelerate-software-delivery-and-improve-security.

• Sinha, Harsh. "Harsh Sinha on Building Culture at TransferWise." InfoQ, February 19, 2018. https://www.infoq.com/podcasts/Harsh-Sinha-transferwise-building-culture.

• Skelton, Matthew. "How Different Team Topologies Influence DevOps Culture." InfoQ,

September 2, 2015. https://www.infoq.com/articles/devops-team-topologies.
- Skelton, Matthew. "How to Find the Right DevOps Tools for Your Team." TechBeacon, 2018. https://techbeacon.com/how-find-right-devops-tools-your-team.
- Skelton, Matthew. "Icebreaker for Agile Retrospectives—Empathy Snap." MatthewSkelton.net (blog), November 15, 2012. http://empathysnap.com/.
- Skelton, Matthew. Tech Talks for Beginners. Leeds, UK: Conflux Digital, 2018.
- Skelton, Matthew. "What Team Structure Is Right for DevOps to Flourish?" Matthew Skelton.net (blog), October 22, 2013. https://blog.matthewskelton.net/2013/10/22/what-team-structure-is-right-for-devops-to-flourish/.
- Skelton, Matthew. "Your Team's API Includes: - Code: REST Endpoints, Libraries, Clients, UI, Etc.—Wiki / Docs—Especially 'How To' Guides—Your Approach to Team Chat Tools (Slack/Hipchat)—Anything Else Which Other Teams Need to Use to Interact with Your Team It's Not Just about Code. #DevEx." Tweet, @matthewpskelton, July 25, 2018. https://twitter.com/matthewpskelton/status/1022111880423395329.
- Skelton, Matthew, and Rob Thatcher. Team Guide to Software Operability. Leeds, UK: Conflux Books, 2016.
- Skulmowski, Alexander, and Rey, Günter Daniel. "Measuring Cognitive Load in Embodied Learning Settings." Frontiers in Psychology 8 (August 2, 2017). https://doi.org/10.3389/fpsyg.2017.01191.
- Smith, Steve, and Matthew Skelton, eds. Build Quality In. Leeds, UK: Conflux Digital, 2015.
- Snowden, Dave. "The Rule of 5, 15 & 150." Cognitive Edge (blog), December 10, 2006. http://cognitive-edge.com/blog/logn-0-093-3-389-logcr-1-r20-764-t3410-35-p0-001/.
- Sosa, Manuel E., Steven D. Eppinger, and Craig M. Rowles. "The Misalignment of Product Architecture and Organizational Structure in Complex Product Development." Management Science 50 no. 12 (December 2004): 1674-1689.
- Stompff, Guido. "Facilitating Team Cognition: How Designers Mirror What NPD Teams Do." ResearchGate, September 2012. https://www.researchgate.net/publication/254831689_Facilitating_Team_Cognition_How_designers_mirror_what_NPD_teams_do.
- Strode, Diane E., Sid L. Huff, Beverley Hope, and Sebastian Link. "Coordination in Co-Located Agile Software Development Projects." Journal of Systems and Software, Special Issue: Agile Development 85, no. 6 (June 1, 2012): 1222-38. https://doi.org/10.1016/j.jss.2012.02.017.
- Stanford, Naomi. Guide to Organisation Design: Creating High-Performing and Adaptable Enterprises (Economist Books), 2nd Edition. London: Economist Books, 2015.
- Sussna, Jeff. Designing Delivery: Rethinking IT in the Digital Service Economy. Sebastopol, CA: O'Reilly Media, 2015.
- Sweller, John. "Cognitive Load During Problem Solving: Effects on Learning." Cognitive Science 12 no. 2 (1988): 257-285.
- Sweller, John. "Cognitive Load Theory, Learning Difficulty, and Instructional Design." Learning and Instruction 4 (1994): 295-312.
- "System Team." Scaled Agile Framework website, last updated October 5, 2018. https://www.scaledagileframework.com/system-team/.
- Tuckman, Bruce W. "Developmental Sequence in Small Groups." Psychological Bulletin 63 no. 6 (1965): 384-399. https://doi.org/10.1037/h0022100.
- Tune, Nick. "Domain-Driven Architecture Diagrams." Nick Tune's Tech Strategy Blog, August 15, 2015. https://medium.com/nick-tune-tech-strategy-blog/domain-driven-

architecture-diagrams-139a75acb578.
- Tune, Nick, and Scott Millett. Designing Autonomous Teams and Services. Sebastopol, CA: O'Reilly Media, 2017.
- Urquhart, James. "Communications and Conway's Law." Digital Anatomy (blog), September 28, 2016. https://medium.com/digital-anatomy/communications-and-conways-law-6a1a9deae32.
- Urquhart, James. "IT Operations in a Cloudy World." CNET, September 15, 2010. https://www.cnet.com/news/it-operations-in-a-cloudy-world/.
- Wardley, Simon. "An Introduction to Wardley 'Value Chain' Mapping." CIO UK, March 19, 2015. https://www.cio.co.uk/it-strategy/introduction-wardley-value-chain-mapping-3604565/.
- Wastell, Katherine. "What We Mean When We Talk about Service Design at the Co-Op." Co-Op Digital Blog, October 25, 2018. https://digitalblog.coop.co.uk/2018/10/25/what-we-mean-when-we-talk-about-service-design-at-the-co-op/.
- Webber, Emily. Building Successful Communities of Practice. San Francisco, CA: Blurb, 2018.
- Weinberg, Gerald M. An Introduction to General Systems Thinking, 25th Silver Anniversary Edition. New York: Dorset, 2001.
- Wiener, Norbert. Cybernetics: Or Control and Communication in the Animal and the Machine, 2nd edition. Cambridge, Mass: MIT Press, 1961.
- Westrum, R. 2004. "A Typology of Organisational Cultures." Quality & Safety in Health Care 13 Suppl. 2 (1961): ii22-27. https://doi.org/10.1136/qshc.2003.009522.
- "What Team Structure is Right for DevOps to Flourish?" DevOpsTopologies.com, accessed March 21, 2019. http://web.devopstopologies.com.
- Wiley, Evan. "Scaling XP Through Self-Similarity at Pivotal Cloud Foundry." Agile Alliance (blog), July 28, 2018. https://www.agilealliance.org/resources/experience-reports/scaling-xp-through-self-similarity-at-pivotal-cloud-foundry/.
- Womack, James P., and Daniel T. Jones. Lean Thinking: Banish Waste and Create Wealth In Your Corporation. NY: Simon & Schuster/Free Press, 2003.
- Zambonelli, Franco. "Toward Sociotechnical Urban Superorganisms." Computer, 2012. http://spartan.ac.brocku.ca/~tkennedy/COMM/Zambonelli2012.pdf.

脚 注

まえがき
[1] Conway, "How Do Committees Invent?."

はじめに
[2] Skelton, "What Team Structure Is Right for DevOps to Flourish?"
[3] Skelton, "How Different Team Topologies Influence DevOps Culture."

Chapter 1
[4] Schwartz et al., Thinking Environments, 21.
[5] Pflaeging, Organize for Complexity, 34-41.
[6] Pflaeging, Organize for Complexity.
[7] Laloux, Reinventing Organizations; Robertson, Holocracy.
[8] Stanford, Guide to Organisation Design, 14-16.
[9] Conway, "How do Committees Invent?, 31.
[10] Conway, "How do Committees Invent?"; Kelly, "Conway's Law & Continuous Delivery."
[11] Kelly, "Conway's Law v. Software Architecture."
[12] Raymond, The New Hacker's Dictionary, 124.
[13] Lewis, "Microservices and the Inverse Conway."
[14] Pink, Drive, 49.

Chapter 2
[15] "DevOps Over Coffee - Adidas;" Fernando Cornago, person email communication with the authors, March 2019.
[16] MacCormack et al., "Exploring the Structure of Complex Software Designs," 1015-1030; MacCormack et al., "Exploring the Duality Between Product and Organizational Architectures," 1309-1024.
[17] Sosa et al., "The Misalignment of Product Architecture and Organizational Structure in Complex Product Development," 1674-1689.
[18] Malan, "Conway's Law."
[19] Conway, "How do Committees Invent?" 28.
[20] Forsgren et al., Accelerate, 63.
[21] Nygard, Release It!, 4.
[22] MacCormack et al., "Exploring the Structure of Complex Software Designs."
[23] Roberts, The Modern Firm, 190.
[24] Reinertsen, The Principles of Product Development Flow, 257.
[25] Malan, "Conway's Law."
[26] Kelly, "Return to Conway's Law."
[27] Stanford, Guide to Organisation Design, 4.
[28] Sosa et al., "The Misalignment of Product Architecture."
[29] Cohn, "Nine Questions to Assess Scrum Team Structure."
[30] Kniberg, "Real-Life Agile Scaling."

Chapter 3

[31] Driskell and Salas, "Collective Behavior and Team Performance," 277-288.

[32] McChrystal et al., Team of Teams, 94.

[33] Rozovsky, "Re:Work—The Five Keys to a Successful Google Team."

[34] Crawford, At opening quotes. "Amazon's 'Two-Pizza Teams.'"

[35] Dunbar, "Neocortex Size as a Constraint on Group Size in Primates," 469-493.

[36] Snowden, "The Rule of 5, 15 & 150;" Dunbar, How Many Friends Does One Person Need?; Bennett, "The Dunbar Number, From the Guru of Social Networks;" Burgess, Thinking in Promises, 87.

[37] Snowden, "The Rule of 5, 15 & 150;" Karlgaard and Malone, Team Genius, 201-205.

[38] Lewis, "Microservices and the Inverse Conway Manoeuvre."

[39] Munns, "Chris Munns, DevOps @ Amazon."

[40] Brooks, The Mythical Man-Month.

[41] Tuckman, "Developmental Sequence in Small Groups," 384-399.

[42] Kelly, Project Myopia, 72.

[43] Helfand, Dynamic Reteaming, 123.

[44] Knight, "Acquisition Community Team Dynamics."

[45] Humble et al., Lean Enterprise, 37.

[46] Driskell and Salas, "Collective Behavior and Team Performance;" Rock and Grant, Why Diverse Teams Are Smarter.

[47] Jang, "Cultural Brokerage and Creative Performance in Multicultural Teams," 993-1009; Carayon, "Human Factors of Complex Sociotechnical Systems," 525-535.

[48] DeMarco and Lister, Peopleware, 156.

[49] Stanford, Guide to Organisation Design, 287.

[50] Deming, Out of the Crisis, 22.

[51] Roberts, The Modern Firm, 277.

[52] Sweller, "Cognitive Load During Problem Solving: Effects on Learning," 257-285.

[53] Pearce, "Day 3: Managing Cognitive Load for Team Learning;" Pearce, "Hacking Your Head."

[54] Driskell et al., "Does Stress Lead to a Loss of Team Perspective," 300.

[55] Jay et al., "Cyclomatic Complexity and Lines of Code," 137-143.

[56] MacChrystal et al., Team of Teams, 94.

[57] Lim and Klein, "Team Mental Models and Team Performance," 403-418.

[58] Evan Wiley, as quoted in Helfand, Dynamic Reteaming, 121.

[59] Jeff Bezos, as quoted in Lane, "The Secret to Amazon's Success."

[60] Axelrod, Complexity of Cooperation; Burgess, Thinking in Promises, 73.

[61] Kniberg and Ivarsson, "Scaling Agile @ Spotify."

[62] Kniberg and Ivarsson, "Scaling Agile @ Spotify."

[63] Forsgren et al., Accelerate, 181.

[64] Jeremy Brown, personal communication with the authors, March 2019.

[65] Doorley and Witthoft, Make Space, 16.

[66] Fried and Hansson, Remote, 91.

Chapter 4

[67] Stanford, Guide to Organisation Design, 3.

[68] Kniberg and Ivarsson, "Scaling Agile @ Spotify."

[69] Kniberg and Ivarsson, "Scaling Agile @ Spotify."

[70] Kniberg and Ivarsson, "Scaling Agile @ Spotify."

[71] Forsgren et al., Accelerate, 63.

[72] Skelton, "What Team Structure Is Right for DevOps to Flourish?"

[73] John, "DevOps for Service Providers—Next Generation Tools."

[74] Hastie, "An Interview with Sam Guckenheimer on Microsoft's Journey to Cloud Cadence."

[75] Ben Treynor, as quoted in Niall Murphy, "What is 'Site Reliability Engineering'?"

[76] Dogan, "The SRE Model."

[77] Rensin, "Introducing Google Customer Reliability Engineering."

[78] Netflix Technology Blog, "Full Cycle Developers at Netflix—Operate What You Build."

[79] DeGrandis, Making Work Visible, 82.

[80] Strode and Huff, "A Taxonomy of Dependencies in Agile Software Development."

[81] Pulak Agrawal, personal communication with the authors, March 2019.

[82] Pulak Agrawal, personal communication with the authors, March 2019.

Chapter 5

[83] Luo et al., "Transitioning from a Hierarchical Product Organization to an Open Platform Organization."

[84] Reinertsen, The Principles of Product Development Flow, 265.

[85] Lane, "The Secret to Amazon's Success—Internal APIs;" Hoff, "Amazon Architecture."

[86] Crawford, "Amazon's 'Two-Pizza Teams;'" Munns, "Chris Munns, DevOps @ Amazon."

[87] Kramer, "The Biggest Thing Amazon Got Right."

[88] Sussna, Designing Delivery, 148.

[89] Pink, Drive, 49.

[90] Eckstein, "Architecture in Large Scale Agile Development," 21-29.

[91] Robert Greenleaf, The Servant as Leader.

[92] DeMarco and Lister, Peopleware, 212.

[93] Webber, Building Successful Communities of Practice, 11.

[94] Bottcher, "What I Talk About When I Talk About Platforms."

[95] Eckstein, Agile Development in the Large, 53.

[96] Neumark, "DevOps & Product Teams—Win or Fail?"

[97] Reinertsen, The Principles of Product Development Flow, 292.

[98] Womack and Jones, Lean Thinking.

[99] Urquhart, "IT Operations in a Cloudy World."

[100] Kniberg, "Real-Life Agile Scaling."

[101] Kelly, Business Patterns for Software Developers, 88-89.

[102] Conway, "Toward Simplifying Application Development, in a Dozen Lessons."

[103] Shibata, "How to Build a Platform Team Now!"

[104] Shibata, "How to Build a Platform Team Now!"

[105] Beer, Brain of the Firm, 238.

[106] Shibata, "How to Build a Platform Team Now!"

[107] Hall, "ITSM, DevOps, and Why Three-Tier Support Should Be Replaced with Swarming."

[108] Forsgren et al., Accelerate, 68.

Chapter 6

[109] Forsgren et al., Accelerate, 63.

[110] Forsgren et al., Accelerate, 66.

[111] Bernstein and Turban, "The Impact of the 'Open' Workspace on Human Collaboration."

[112] Evans, Domain-Driven Design.

[113] Fowler, "Bliki: BoundedContext."

[114] Tune and Millett, Designing Autonomous Teams and Services, 38.

[115] Nygard, "The Perils of Semantic Coupling."

[116] Helfand, Dynamic Reteaming, 203.

[117] Hering, DevOps for the Modern Enterprise, 45.

[118] Phillips, "Testing Observability."

Chapter 7

[119] Bernstein et al., "How Intermittent Breaks in Interaction Improve Collective Intelligence," 8734-8739.

[120] Rother, Toyota Kata, 236.

[121] Kim and Pierce, "Convergent Versus Divergent Thinking," 245-250.

[122] Urquhart, "Communications and Conway's Law."

[123] Betz, Managing Digital, 253.

[124] Burgess, Thinking in Promises, 105.

[125] Reinertsen, The Principles of Product Development Flow, 233.

[126] Malan, "Conway's Law."

[127] Kelly, "Return to Conway's Law."

[128] Helfand, Dynamic Reteaming, 121; Wiley, as quoted in Helfand, Dynamic Reteaming, 121.

[129] Helfand, Dynamic Reteaming, 13.

[130] Reinertsen, The Principles of Product Development Flow, 254.

Chapter 8

[131] Forsgren et al., Accelerate, 63.

[132] Ingles, "Convergence to Kubernetes."

[133] Ingles, "Convergence to Kubernetes,"

[134] Sussna, Designing Delivery, 61.

[135] Kotter, "Accelerate!"

[136] Drucker, The Daily Drucker, 291.

[137] Stanford, Guide to Organisation Design, 17.

[138] Narayan, Agile IT Organization Design, 65.

[139] Kim et al., The DevOps Handbook, 11.

[140] Sussna, Designing Delivery, 58.

[141] Narayan, Agile IT Organization Design, 31.

Chapter 9

[142] Conway, "How do Committees Invent?" 31.

[143] Manns and Rising, Fearless Change.

謝　辞

　書籍の執筆は多くの人を巻き込んだ共同作業であり、それがなければ本書は完成しなかった。時間を取って詳細なフィードバックをしてくれた以下のレビューワーのみなさんに感謝したい。チャールズ・ベッツ、ジェレミー・ブラウン、ジョアンヌ・モレスキー、ニック・チューン、ルース・マラン。また、ケーススタディや業界事例の著者や考案者のみなさんにも感謝したい。アルバート・ベルティルソン、アンダース・イヴァルソン、アンディ・ハンフリー、アンディ・ルビオ、ダミアン・ダリー、デイブ・ホチキス、デイブ・ホワイト、エリック・ミニック、フェルナンド・コルナゴ、グスタフ・ニルソン・コッテ、ヘンリック・クニベルグ、イアン・ワトソン、マーカス・ラウタート、マイケル・ランバート、マイケル・マイバウム、ミゲル・アントゥネス、ポール・イングルス、プラク・アグラワル、ロビン・ウェストン、ステファニー・シーハン、ウォルフガング・ジョン。

　本書のもととなったDevOpsトポロジーパターンに貢献してくれた全員、そのなかでも特にジェームズ・ベトリー、ジェイミー・ブキャナン、ジョン・クラッパム、ケビン・ハインド、マット・フランツに感謝したい。ジョン・カトラーはチームトポロジーのアプローチについて第三者の視点で熱心に見てくれた。ガレス・ラシュグロブはDevOpsトポロジーパターンを広める手助けをしてくれた。またConfluxの同僚であるヨービレ・ヴァルトケビキューテのたゆまぬ調査にも感謝したい。

　IT Revolutionのチーム、特にアンナ・ノーク、リーン・ブラウンを始めとした編集者とデザイナーのみなさんにも大変感謝している。みなさんからのアドバイス、サポート、あふれんばかりの情熱はありがたい限りだった。2017年にロンドンで開催されたDevOps Enterprise Summitで、私たちに講演の機会をくれたジーン・キムに感謝したい。このおかげで、チームトポロジーのアイデアの価値を実感できた。

最後に、私たちが最初にチームとソフトウェアの魅力的な関係に関心を持つきっかけとなり、本書の実現の助けにもなったアイデアや書籍、論文の作者のみなさん、講演者のみなさんに感謝したい。アラン・ケリー、アンディ・ロングショー、チャールズ・ベッツ、ドネラ・メドウズ、ジェームス・ルイス、ジーン・キム、メルヴィン・コンウェイ、ミルコ・ヘリング、レイチェル・レイコック、ルース・マラン、ランディ・シャウプ。

著者について

　マシュー・スケルトンは、1998年から商用ソフトウェアシステムの開発や運用に携わっており、ロンドン証券取引所、GlaxoSmithKline、FT.com、LexisNexis、イギリス政府といった組織で働いてきた。Conflux（confluxdigital.net）のコンサルティング部門長であり、『Continuous Delivery with Windows and .NET』（2016年）、『Team Guide to Software Operability』（2016年）の著者の1人である。レディング大学でコンピューターサイエンスとサイバネティックスの学位、オックスフォード大学で神経科学の修士、オープン大学で音楽の修士を取得。イギリスの公認エンジニア（CEng）でもある。余暇には、トランペットを演奏したり、コーラスをしたり、作曲をしたり、トレイルランニングを楽しんだりしている。

　マニュエル・パイスはDevOps/継続的デリバリーに関する独立コンサルタントで、チーム設計、プラクティス、フローに注力している。技術面、人間面の両面からアプローチしており、戦略アセスメント、実践ワークショップ、コーチングを通じて、組織がDevOpsと継続的デリバリーを定義し導入する支援をしている。『Team Guide to Software Releasability』（2018年）の著者の1人である。

　マシューとマニュエルは、世界中の多くの顧客とともに、現代のソフトウェアシステムのための組織設計に取り組んできた。現代のソフトウェアシステムのための組織設計に関するトレーニングセッションは、多くの組織がチーム間のコミュニケーションやソフトウェアアーキテクチャーに対するアプローチを見直し、ソフトウェアデリバリーのフローと有効性を改善するのに役立っている。

訳者あとがき

　本書は、Matthew Skelton、Manuel Pais著『Team Topologies：Organizing Business and Technology Teams for Fast Flow』（ISBN：978-1942788812）の全訳である。翻訳は株式会社アトラクタのアジャイルコーチ3人で行った。原著の誤記や誤植などについては著者に確認して一部修正している。

　最初のアジャイルチームは、なんとかうまくいき始めた。どうすれば、組織内の他のチームもうまくアジャイルにしていけるかと悩んでいるマネージャーも多いだろう。

　横展開というやり方に慣れていた組織は、うまくいったチームを分解して、組織内に分散させた。うまくいくたびに分解するのを繰り返すうちに、組織は逆に硬直していってしまった。

　Spotifyモデルのような機能する組織の形をベストプラクティスとしてコピーしようともした。だが、組織の単位の名前を変えても、そのように組織が変わるわけではない。変化や成長の過程にある組織のある一時の構造をまねしても、その組織が持つ柔軟性を得られるわけではないのだ。

　本書が主張するチームトポロジーは、チームの種類とチーム間のインタラクションのやり方でうまくいっているチームの構成を記述しようという試みである。チームの構造をくみ上げるための部品と接続方法を用意することで、幅広い組織での適用方法が考えられるようになっている。

　それでも、あなたの組織を明日から組み替えられるわけではない。本書に含まれる例を見てもわかるように、組織は長い時間と努力を経て、ビジネスに適合し続けられる構造に変化させ続けられるという状態を達成できるようになるのだ。

　まず機能するアジャイルチームを維持しつつ、アジャイルチームをゆっくり増やしていくこと。そして、生み出される価値の流れの抵抗を少なくできるようにアジャイルチームを配置すること。ストリームアラインドと

はその状態を指す。そしてチームの負荷をなるべく下げられるような支援の構造を持つチームを育成すること。そのときのやり方の参考として、本書は非常に役に立つだろう。

このトランスフォーメーションに終わりはない。絶えず組織のトランスフォーメーションが続く動的な平衡状態になるのだ。

謝　辞

角谷信太郎さん、粕谷大輔さん、後藤優一さん、竹葉美沙さん、常松祐一さん、西谷圭介さん、松木雅幸さん、吉田真吾さんには翻訳レビューにご協力いただいた。みなさんのおかげで読みやすいものになったと思う。

企画、編集は、日本能率協会マネジメントセンターの山地淳さんが担当された。手厚い支援をいただいたことに感謝したい。

訳者を代表して
2021年11月　原田 騎郎

訳者紹介

原田 騎郎（はらだ きろう）

株式会社アトラクタ Founder 兼 CEO / アジャイルコーチ。

外資系消費財メーカーの研究開発を経て、2004年よりスクラムによる開発を実践。ソフトウェアのユーザーの業務、ソフトウェア開発・運用の業務の両方をより楽に安全にする改善に取り組んでいる。認定スクラムトレーナー Regional（CST-R）。著書に、『A Scrum Book: The Spirit of the Game』（Pragmatic Bookshelf）。訳書に『スクラム実践者が知るべき97のこと』『みんなでアジャイル』『レガシーコードからの脱却』『カンバン仕事術』（オライリー・ジャパン）、『ジョイ・インク』（翔泳社）、『スクラム現場ガイド』（マイナビ出版）、『Software in 30 Days』（KADOKAWA/アスキー・メディアワークス）。

Twitter: @haradakiro

永瀬 美穂（ながせ みほ）

株式会社アトラクタ Founder 兼 CBO / アジャイルコーチ。

受託開発の現場でソフトウェアエンジニア、所属組織のマネジャーとしてアジャイルを導入し実践。アジャイル開発の導入支援、教育研修、コーチングをしながら、大学教育とコミュニティ活動にも力を入れている。認定スクラムプロフェッショナル（CSP）。東京都立産業技術大学院大学客員教授、琉球大学、筑波大学非常勤講師。一般社団法人スクラムギャザリング東京実行委員会理事。著書に『SCRUM BOOT CAMP THE BOOK』（翔泳社）、訳書に『スクラム実践者が知るべき97のこと』『みんなでアジャイル』『レガシーコードからの脱却』（オライリー・ジャパン）、『アジャイルコーチング』（オーム社）、『ジョイ・インク』（翔泳社）。

Twitter：@miholovesq

ブログ：https://miholovesq.hatenablog.com/

吉羽 龍太郎（よしば りゅうたろう）

株式会社アトラクタ Founder 兼 CTO / アジャイルコーチ。

アジャイル開発、DevOps、クラウドコンピューティングを中心としたコンサルティングやトレーニングに従事。野村総合研究所、Amazon Web Services などを経て現職。Scrum Alliance 認定スクラムトレーナー Regional（CST-R）/ 認定チームコーチ（CTC）/ 認定スクラムプロフェッショナル（CSP）/ 認定スクラムマスター（CSM）/ 認定スクラムプロダクトオーナー（CSPO）。Microsoft MVP for Azure。著書に『SCRUM BOOT CAMP THE BOOK』（翔泳社）など、訳書に『スクラム実践者が知るべき97のこと』『プロダクトマネジメント』『みんなでアジャイル』『レガシーコードからの脱却』『カンバン仕事術』（オライリー・ジャパン）、『ジョイ・インク』（翔泳社）など多数。

Twitter：@ryuzee

ブログ：https://www.ryuzee.com/

チームトポロジー
価値あるソフトウェアをすばやく届ける適応型組織設計

2021 年　12 月 10 日　　初版第 1 刷発行
2024 年　 9 月 10 日　　　第 6 刷発行

著　者——マシュー・スケルトン、マニュエル・パイス
翻訳者——原田騎郎、永瀬美穂、吉羽龍太郎
　　　　　　　© 2021 Kirou Harada, Miho Nagase, Ryutaro Yoshiba
発行者——張 士洛
発行所——日本能率協会マネジメントセンター
〒 103-6009 東京都中央区日本橋 2-7-1　東京日本橋タワー
TEL 03(6362)4339(編集)／ 03(6362)4558(販売)
FAX 03(3272)8127(編集・販売)
https://www.jmam.co.jp/

装　　　丁——小口翔平＋奈良岡菜摘（tobufune）
本文 DTP——株式会社森の印刷屋
印　刷　所——広研印刷株式会社
製　本　所——株式会社三森製本所

ISBN 978-4-8207-2963-1　C3055
落丁・乱丁はおとりかえします。
PRINTED IN JAPAN

プロダクト・レッド・オーガニゼーション
顧客と組織と成長をつなぐプロダクト主導型の構築

トッド・オルソン 著
横道　稔 訳
A5判280頁

プロダクトが企業の成長を導く時代が来た。プロダクトはいまや顧客の獲得と維持、成長の促進、組織課題の優先順位づけの手段となっている。これは、デジタルファーストの世界における、これからのビジネスの姿だ。本書は、プロダクトチーム向けのソフトウェアを提供してきたユニコーン企業PendoのCEOが、顧客体験を中心に据えたプロダクト主導型組織を構築するための方法を教えてくれる。プロダクトから得られるデータをいかに組織で活用するのか、その真の顧客主義を実現する方策を学ぶ。

日本能率協会マネジメントセンター

エ ン パ ワ ー ド
EMPOWERED

普通のチームが並外れた製品を生み出す
プロダクトリーダーシップ

マーティ・ケーガン、クリス・ジョーンズ 著
及川 卓也 まえがき　　二木 夢子 訳

A5判488頁

なぜアマゾン、アップル、グーグル、ネットフリックス、テスラなどの企業は、イノベーションを起こし続けられるのか。ほとんどの人は、優秀な才能を採用することができるからだと考えている。しかし、これらの企業が持つ本当の強さは、採用する人ではなく、従業員が協力して困難な問題を解決し、並外れた製品を生み出すようにする方法にある。本書では、トップテクノロジー企業の最高のリーダーから学んだ何十年にもわたる教訓をガイドとして提供し、こうしたイノベーションを生み出す環境のために必要なプロダクトリーダーシップを紹介する。

日本能率協会マネジメントセンター

インスパイアド

INSPIRED
熱狂させる製品を生み出すプロダクトマネジメント

マーティ・ケーガン 著

佐藤 真治、関 満徳 監訳　　神月 謙一 訳

A5判384頁

Amazon、Apple、Google、Facebook、Netflix、Teslaなど、最新技術で市場をリードする企業の勢いが止まらない。はたして、かれらはどのようにして世界中の顧客が欲しがる製品を企画、開発、そして提供しているのか。本書はシリコンバレーで行われている「プロダクトマネジメント」の手法を紹介する。著者のマーティ・ケーガンは、成功する製品を開発するために「どのように組織を構成し、新しい製品を発見し、適切な顧客に届けるのか」を、具体的な例を交えながら詳細に説明する。

日本能率協会マネジメントセンター